物理学概論

―― 高校物理から大学物理への橋渡し ――

［力学編］

近藤 康 著

学術図書出版社

はしがき

　本書は，高校の物理と大学の物理の橋渡しをすることを目的に書かれています．高校の物理と大学の物理の大きな違いは数学の取り扱いにある，と著者は考えています．それは，

物理学は実験科学である

ことにも結びついています．物理学で用いられる概念は実験的に検証できるものでなければならず，測定によって数値化できるものでなければなりません[注1]．その数値化されたものに対して数学が適用されます．すなわち，数学は物理現象を記述するための「言語」なのです．

　また，物理学は，

論理的な思考によって自然の振る舞いを原理から考察する

学問ということもできます．物理学を学ぶことを通じてこの論理的な思考法を身につければ，生きていく上ですばらしい知的な「武器」を得ることができます．そして，その武器の対象を「自然（物理学）」から，「人間の作ったもの（工学）」，「生命（生物学）」，「人間の集団としての活動（経済学）」など様々な分野に広げることができます．この論理は数学を使って展開されます．数学は論理的な思考を記述するための便利な「言語」でもあります．数学は「言語」ですから，慣れるためには，多少の訓練が必要です[注2]．でも，それだけの努力を行う価値があるものです．

　また，数学の中には様々な「道具＝数学の概念」があります．道具は便利なものですが，必ずしも簡単に使いこなせない場合もあります．また，すべての学生がすべての「道具」を同じように使いこなせるようになる必要もないでしょうし，他の勉強との兼ね合いで可能でもないでしょう．

　本書では，「ある道具」の使い方に応じて内容を3種類に[注3]分類しています．

- できるだけ「ある道具」を使わないようにする ♡[注4]

　　もっとも大切な内容です．すべての学生に学んで欲しい物理を記述しています．理工系以外の学生[注5]ならば，これらを勉強すれば十分な場合も多いでしょう．高校で学ぶ物理学の内容に対応します．

- 「ある道具」の使い方入門

　　できるだけ「ある道具」を使わないようにして考えた内容を「ある

注1 幽霊が科学の対象にならないのは，数値化できないからだと思います．

注2 多くの学生は英語という「言語」の勉強＝訓練に，苦労しているはずです．

注3 高校の物理と大学の物理の橋渡しをするためです．

注4 記号 ♡, ♠ は目次の記号に対応しています．

注5 理工系でも分野によれば，十分な場合も多々あります．

道具」を用いて考え直します．大学での物理学らしい内容となります．理工系の学生は，このレベルの「道具」の使い方は学んで欲しいと思います．

- 「ある道具」の便利さを享受する♠注4

  「ある道具」への慣れが必要なので，最初はこの部分は勉強しなくても良いでしょう．また，理工系の学生といえども，必ずしも全員がここの内容を理解する必要はないと思います．

さて，この「ある道具」とは何かわかりますね？　そう，微分・積分とベクトルです．本書では，これらの「道具」の使い方を学ぶ上で最も適したニュートン力学をとりあげました．

注6　手に取っただけでは，ダメですよ．

本書で勉強した注6 大学生は，「数学を使った論理的な思考法」という社会に出て役に立つ知的な「武器」を手に入れることができます．また，高校の物理と大学の物理の橋渡しという観点から，意欲のある高校生にも，本書を使って勉強してもらいたいと思います．多少難しく感じるところはあるかもしれませんが，それは論理の飛躍がないようにしているためです．しっかり勉強すると，論理の飛躍がない分「わかりやすい」と思えるはずです．

詳細な章末問題の解答は

https://www.gakujutsu.co.jp/text/isbn978-4-7806-0862-5/

に公開します．もしも，本文や解答に間違いを見つけた場合は

ykondo@kindai.ac.jp

までご連絡いただけると幸いです．

目 次

イントロダクション

物理学は，測定を通して自然を理解しようとする学問である．何をどのようにして測定するか？　その測定結果をどのように表現するか？　が大切である．

1.1　物理学とは♡ ────────────────────────●

物理学では，概念を数量的な関係[注1]によって表すので，対象を数量的に表す必要がある．そのような物理学で対象とする量のことを**物理量**と呼び，

$$物理量 = 数値 \times 単位$$

のように**基準となる量（単位）**をもとに，その量の何倍かによって表す[注2]．対象が基準となる量の何倍であるかを求める作業が**測定**である．もっとも基本となる物理量を表 1.1 にまとめる．物理学では，宇宙の大きさのような非常に大きな物理量から原子核の大きさのような非常に小さな物理量まで扱う必要がある[注3]．そこで[注4]，7.0×10^{26} m や 1.0×10^{-15} m のように指数を使って表すことが多い．

表 1.1　基本となる物理量

物理量	単位	記号
距離	メートル	m
時間	秒	s
質量	キログラム	kg
電流	アンペア	A

物理学では，物理量間の関係が数式として表される．例えば，速さ[注5]は，

$$速さ \left[\frac{\text{m}}{\text{s}}\right] = \frac{移動距離 [\text{m}]}{経過時間 [\text{s}]}$$

である．このように，**基本となる物理量を組み合わせる**ことによって，新たに様々な物理量を考えることができる．また，速さ v [m/s]，距離 x [m]，時間 t [s][注6]のように，**物理量を表す英文字**を用いて $v = \dfrac{x}{t}$ のように簡潔に表すことが多い．

注1　ここで示した数量的な関係とは，数式のことを指す．

注2　$A = B$ は "A is B." のことで，"=" は "is" と読む．ここでは，「物理量は数値 × 単位である」と読む．古い英語の論文では，数式はピリオドで終わり，be 動詞をつかった文として扱われていた．

注3　本書の表紙を参照のこと．

注4　G(10^9)，M(10^6)，k(10^3)，m(10^{-3})，μ(10^{-6})，n(10^{-9})のような 10 の整数乗倍を表す接頭語を使う場合もある．

注5　距離 5.0×10^1 m を時間 1.0×10^1 s で移動した場合の速さは，5.0 m/s = (5.0×10^1) m/(1.0×10^1) s となる．数値も単位も両辺で等しい．

注6　高校では，変数を表す英文字の後にその物理量の単位をつけることが基本である．しかしながら，煩雑さを避けるために単位を省略することもある．t [s] のような「変数 [単位]」での [単位] は，変数がどのような物理量を使うかを示す「メモ」であると考えれば良いだろう．

1.2　測定と誤差♡

注 7　「真の値」という概念については 1.7 節で考察する.

物理学では測定によって物理量の**測定値**を得るが, 測定値と**真の値**[注 7] との間には常に差がある. 測定値と真の値との差を**誤差（絶対誤差）**という. また, 真の値に対する誤差の割合を**相対誤差**といい, 測定値の精度を表す指標として用いられる.

$$\text{誤差} = \text{測定値} - \text{真の値}, \qquad \text{相対誤差〔\%〕} = \frac{\text{誤差}}{\text{真の値}} \times 100$$

誤差は, 測定器具の目盛の不確かさ, 測定者のくせなど, 様々な原因によって生じる.

物理量を測定する場合には, 一般に測定器具の最小目盛の $\frac{1}{10}$ までを目分量で読みとる. 例えば, 図 1.1 から, 19.2 mm と板 1 辺の長さを読みとることができる. 数字の 1 と 9 は間違いないが, 最後の桁の数字の 2 は測定者によって変化する可能性があり誤差を含んでいる. しかしながら, 9 ではないことは明らかなので意味がある数字である. そこで, 上の 1 と 9 と 2 を**有効数字**といい, 有効数字は 3 桁であるという. 有効数字の桁数が明らかになるように □.□□□ × 10^n の形で測定値を表す. 上の場合は, 1.92×10^1 mm である.

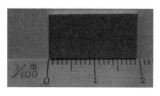

図 1.1　板の 1 辺の長さの測定. 最小目盛は 1 mm である.

誤差のある数値を計算する場合には, 以下のルールに従う.

- 足し算, 引き算

注 8　下線の数字には誤差がある.

　　計算結果の末位を, もっとも末位の高い数値にそろえる[注 8].

$$\begin{array}{r} 11.\underline{5} \\ +)\quad 1.2\underline{5} \\ \hline 12.75 \end{array} \quad , \quad \begin{array}{r} 11.\underline{5} \\ -)\quad 1.8\underline{4} \\ \hline 9.66 \end{array}$$

最終の解　12.8　　　　最終の解　9.7

- 掛け算, 割り算

　　計算結果の桁数を, 有効数字の桁数の最も少ない数値にそろえる.

$$\begin{array}{r} 1.1\underline{5} \times 10^2 \\ \times)\quad 1.\underline{5} \times 10^1 \\ \hline 0.5\underline{75} \times 10^3 \\ 1.1\underline{5} \times 10^3 \\ \hline 1.\underline{725} \times 10^3 \end{array} \quad , \quad 1.1\underline{5}/1.\underline{5} = 0.7\underline{666}.... = 7.\underline{7} \times 10^{-1}$$

$$ \text{最終の解}$$

最終の解　$1.\underline{7} \times 10^3$

- 定数を含む計算

　　円周率 π や自然対数の底 e のような定数は, 測定値の桁数よりも 1

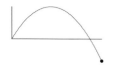

桁多い有効桁をもった数値で近似して計算すれば良い.

例題 1.1   有効数字を考慮して次の計算をせよ.

(1) $0.11 + 1.01$

(2) $1.0 + 1.11$

(3) $1.31 - 1.11$

(4) $1.1 - 1.01$

(5) $(9.9 \times 10^{-1}) \times (9.9 \times 10^{-1})$

(6) $9.9 \times 10^{-1} \times 0.9$

(7) $(9.9 \times 10^{-1})/3.0$

(8) $(9.9 \times 10^{-1})/3$

解   (1) $0.11 + 1.01$

どちらも小数第 2 位まで有効桁があるので,

$$0.11 + 1.01 = 1.12 \qquad \rightarrow \quad \boxed{1.12}$$

となる.

(2) $1.0 + 1.11$

最初の数は有効桁が小数第 1 位までなので, 計算した後に小数第 2 位を四捨五入する. したがって,

$$1.0 + 1.11 = 2.11 \qquad \rightarrow \quad \boxed{2.1}$$

となる.

(3) $1.31 - 1.11$

どちらも小数第 2 位まで有効桁があるので,

$$1.31 - 1.11 = 0.20 \qquad \rightarrow \quad \boxed{2.0 \times 10^{-1}}$$

となる. 小数第 2 位の 0 は意味があるので省いてはいけない.

(4) $1.1 - 1.01$

最初の数は有効桁が小数第 1 位までなので, 計算した後に小数第 2 位を四捨五入する. したがって,

$$1.1 - 1.01 = 0.09 \qquad \rightarrow \quad \boxed{0.1 = 1 \times 10^{-1}}$$

となる.

(5) $(9.9 \times 10^{-1}) \times (9.9 \times 10^{-1})$

有効数字と指数を別々に計算して, 最後に有効数字を有効桁に丸める. ここでは, どちらも有効桁は 2 桁なので 2 桁に丸

める.

$$(9.9 \times 9.9) \times 10^{-2} = 98.01 \times 10^{-2} \qquad \rightarrow \boxed{9.8 \times 10^{-1}}$$

(6) $(9.9 \times 10^{-1}) \times 0.9$

有効数字と指数を別々に計算して，最後に有効数字を有効桁に丸める．ここでは，有効桁が1桁の数があるので，1桁に丸める．

$$(9.9 \cdot 9) \times 10^{-2} = 89.1 \times 10^{-2} \qquad \rightarrow \boxed{9 \times 10^{-1}}$$

(7) $(9.9 \times 10^{-1})/3.0$

有効数字と指数を別々に計算して，最後に有効数字を有効桁に丸める．ここでは，どちらも有効桁は2桁なので2桁に丸める．

$$9.9/3.0 \times 10^{-1} = 3.3 \times 10^{-1} \qquad \rightarrow \boxed{3.3 \times 10^{-1}}$$

(8) $(9.9 \times 10^{-1})/3$

有効数字と指数を別々に計算して，最後に有効数字を有効桁に丸める．ここでは，有効桁が1桁の数があるので，1桁に丸める．

$$9.9/3 \times 10^{-1} = 3.3 \times 10^{-1} \qquad \rightarrow \boxed{3 \times 10^{-1}}$$

1.3　実験科学としての物理学

　物理学は測定を基礎とおく．ここで，測定とは

　　　ある基準に対して，対象がどれぐらいの大きさであるかを知る

行為である．例えば，あるものの長さの測定とは，その長さが基準となる物差しの目盛いくつに相当するかを知る行為である．

　そして，物理学は，その測定に基づいて

　　　　　自然現象を原理から理解する試みを行う

学問である．その試みとは，以下のようなサイクルを行うことを意味している．

- 測定を行う
- 測定結果を説明するモデル（理論）を作る
- そのモデルに基づいて予想を行う [注9]
- 予想に対応した結果が得られるはずの測定を行う

注9　本書で学ぶのは，ここの「予想を行う方法」である．

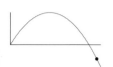

- 予想と新たに測定した結果が合致するかどうかを判定し，合致しなければモデルを改良する

ただし，予想と新たに測定した結果が合致するかどうかの判定には，

- 測定には様々な不確かさが避けられない
- どの程度の精度を要求するか

を考慮する必要がある．

　例えば，ニュートン力学とアインシュタインの相対性理論を比較しよう．物体の運動速度が光速よりも十分小さい我々の日常生活の範囲内の現象の理解には，ニュートン力学は必要十分な精度の予想を行える．実際，月着陸を実現したアポロ計画ではニュートン力学で十分であった．しかしながら，光速に近い運動を行う素粒子では，相対性理論が予想する時間の伸びに対応した寿命の伸びが観測されている．あるいは，飛行機の運行に伴うわずかな時間の伸びも，原子時計という高精度の時計を用いることによって観測できている．また，GPS では相対性理論を考慮しないと十分な精度が得られないことも知られている．一方，相対性理論も，宇宙初期を説明する理論（モデル）としては不十分であることが知られている．これらは，目的や測定の精度に応じて必要なモデルが異なってくるという典型的な例である．このような物理学の特徴を

物理学は近似の学問である

ということができる．いいかえると，「物理学は重要なことだけを選んで，そこに考えることを集中する学問」ということもできる．

　本書では，十分成功したと誰もが認めるモデル（ニュートン力学）を理解し，そのモデルに従って予想をいかに行うかを学ぶ[注10]．

　物理学は，別のいい方をすると，

最少の法則によって対象を説明する論理の枠組みを作る

学問である．数学と物理学はどちらも論理の枠組みを作る学問ではあるが，大きな違いがある．数学は公理を仮定した上で論証によって定理を導き出す．一方，物理学は公理を仮定するという立場をとらず，自然界を説明できるかどうかが正誤の**判断基準**[注11]になる．したがって，物理学では実験技術の進歩に伴い新しい現象や物質が発見されることによって，新しい論理の枠組みが要請されることがある．例えば，量子力学や相対性理論という新しい論理の枠組みが 20 世紀に構築された．本書で学ぶ古典力学も，ニュートンらによって 17 世紀に新たに構築された論理の枠組みである．

注10　本書で学ぶことは，実験事実や観測に基づいて本質を理解する体験である．

注11　物理学の法則は，実験や観測に基づき発見されるものである．物理学の法則や数学の公理は証明できない．

1.4　空間と時間

注12　高校では，あえて空間と時間を意識しなかったが，ここでは自然現象の舞台を再確認しよう.

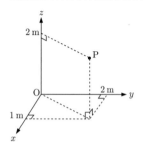

図1.2　3次元空間中の点Pの位置の指定方法.

注13　この数値の組をベクトルとすることができる. ベクトルについては第3章で詳細に議論する.

注14　1mは，光が真空中を1s間に進む距離の299792458分の1の長さと定義されている.

注15　時間が一方向にしか進まないことを，時間の矢という.

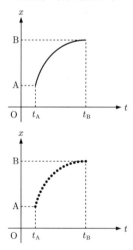

図1.3　連続的な物理量と，その不連続な測定結果.

注16　セシウム133原子の基底状態の2つの超微細準位間の遷移に対応する放射の9192631770周期の継続時間が，1sと定義されている.

「自然界の現象」という表現[注12]は，現象が起こる**空間**と現象が起こる順序，すなわち**時間**が存在していることを意味している.

　本書で取り扱う現象の舞台となる空間は，四方上下に無限の広がりをもっていると考える. この空間中には互いに直交する3本の直線をとることができるので，3次元空間という. この空間中の点Pは，空間中にお互いに直交する3本の座標軸を導入して，図1.2のように3つの数値の組[注13]を決めることによって指定することができる. これらの数値の単位はメートル[注14]である.

　時間は一様に流れ，始めも終わりもなく無限に続いていると考える. 高温の物体から低温の物体へは熱が伝わるが，低温の物体から高温の物体へ熱が伝わることはないという，一方向にしか進まない現象[注15]が観測される. このことより，時の流れは止められず，逆戻しすることはできないと考えられる. 時間は連続していると考えられるので，ある物体の空間中の位置も連続的に変化するはずである. したがって，横軸に時間を，縦軸に物体の位置をとってグラフを描くと連続した線になり，不連続にジャンプすることはありえない. 一方，測定は原理的に連続的に行うことはできない. 物理学は不連続にしか得ることができない自然についての情報から，連続的に起こる自然現象を論理的に再構成する学問ということができる.

　ある事象から別の事象までの時間間隔は，その間に周期的な現象を観測して，その現象がその時間間隔の間に何回起こったかを数えることによって測定することができる. 例えば，振り子時計は振り子の周期運動が何回起こったかを測定する装置である. 時間の単位は1s[注16]である.

　現在，宇宙の大きさは有限で，しかも始まりもあったことがわかっている. しかしながら，我々が興味をもつ現象によっては，空間は無限で時間に始まりも終わりもないと**近似**することが可能である. 本書で議論するのは，そのような近似が許される現象である.

1.5　物理法則と単位系♡

　物理法則は物理量間の関係を数式で表したものである. 例えば，ニュートンは，物体の運動では質量，加速度，力がお互いに関係していることに気

づき,

$$質量 \times 加速度 = 力$$

という物理法則を発見した. 左辺は質量と加速度の積であり, 右辺は力である. 数式の両辺では数値も単位も等しくなければならない. この例では, 質量の単位 (kg), 加速度の単位 (m/s^2), そして力の単位 (N, ニュートン) の間には, kg·m/s^2 = N という関係がなければならない. このように, 様々な単位の間には法則を通じて関係があるはずである. そこで, このような相互に関連した単位の体系[注17] のことを単位系という. 我々が使う単位系は国際単位系 (SI)[注18] で, 時間 (s), 長さ (m), 質量 (kg), 電流 (A), 温度 (K), 光度 (cd[注19]), 物質量 (mol) の 7 つの単位を基本とした単位系である.

　物理法則を表す数式は, 各物理量を表す英文字による記号を使うと, 簡潔に表現できるので, 便利である. 例えば, ニュートンの発見した運動法則ならば[注20],

$$ma = F$$

と表す. ただし, m, a, F はそれぞれ質量, 加速度, 力という物理量を表すこととする. すなわち, これらの記号には単位も含まれている. 別のいい方をすると, このニュートンの発見した法則は**単位系によらずに成り立つ**[注21] ことを意識して学ぶということである. ただし, 本書では国際単位系での単位を意識するために, 各章の最初の基礎的な (♡ のついた) セクションでは, 高校での表記に従って, F〔N〕のように変数に単位をつけて表している.

注17　高校では, 単位は学んでも, それを体系だったものとはあまり捉えない.

注18　国際単位系は英語で International System of Unit とかく. 略称の SI はフランス語表記の Système International d'unités に由来する

注19　cd はカンデラと読む.

注20　高校での表記に従えば, 「質量 m〔kg〕, 加速度 a〔m/s^2〕, 力 F〔N〕の間には, 関係 $ma = F$ がある」となる.

注21　通常, 我々は国際単位系しか用いないので, このように意識する必要性はあまりない. しかしながら, 原理を理解しておくことは大切である.

1.6　次元解析♡

　力学における任意の物理量は, 長さ, 時間, 質量の基本量を表す因数の冪乗の積として表すことができ, これらの冪を次元と呼ぶ. この次元を応用すれば, 複数の物理量間の関係を予測することができる.

　長方形の面積は 2 辺の積で, 三角形の面積は底辺の長さと高さの積の半分で表される. このように様々な図形の面積は係数を無視すれば, なんらかの [長さ] × [長さ] で表すことができる. 同様に考えると, 体積や角度も次のように [長さ] の冪で表すことができる[注22].

- [面積] = [長さ] × [長さ] = [長さ]^2
- [体積] = [長さ] × [長さ] × [長さ] = [長さ]^3
- [角度] = $\dfrac{[長さ]}{[長さ]}$ = [長さ]^0

注22　角度は, その角を見込む弧の長さとその円の半径の比 (弧度法) によって定義できる.

このような関係が [長さ]^{注 23} の次元による面積，体積，角度の表現である.

この考えを拡張すると，本書で現れる様々な物理量を，[長さ] = L，[質量] = M，[時間] = T を表す因数の冪乗の積として表すことができる．ここで，L，M，T は国際的に定められた長さ，質量，時間を表す記号である^{注 24}．

例題 1.2　いくつかの物理量の次元について考えてみよう.

(1)　速度の次元

(2)　加速度の次元

(3)　力の次元

(4)　運動量の次元

解　(1)　速度の次元
$$[速度] = \left[\frac{距離}{時間}\right] = \frac{\mathsf{L}}{\mathsf{T}} = \mathsf{LT}^{-1}$$
(2)　加速度の次元
$$[加速度] = \left[\frac{速度}{時間}\right] = \frac{\mathsf{LT}^{-1}}{\mathsf{T}} = \mathsf{LT}^{-2}$$
(3)　力の次元
$$[力] = [質量 \cdot 加速度] = \mathsf{MLT}^{-2}$$
(4)　運動量の次元
$$[運動量] = [質量 \cdot 速度] = \mathsf{MLT}^{-1}$$

物理的な関係を表す数式においては，両辺の次元が一致しなくてはならない．したがって，既知の物理量の組み合わせが求めたい物理量の次元に一致するように式を立てれば，正しい関係になっている可能性が高い.

では，単振り子の周期 T について考えてみよう．周期を決定する要因として考えられるのは，振り子のおもりの質量 m，長さ l，重力加速度 g のみである^{注 25}．未知変数 x, y, z を用いて，

$$T = \alpha l^x m^y g^z \tag{1.1}$$

と表すことができる．ここで，α は次元をもたない定数である．次元解析を行うと^{注 26}

$$[T] = [\alpha][l]^x[m]^y[g]^z \tag{1.2}$$

となる．基本量を表す記号で書くと

$$\mathsf{T} = \mathsf{L}^x\mathsf{M}^y(\mathsf{LT}^{-2})^z = \mathsf{L}^{x+z}\mathsf{M}^y\mathsf{T}^{-2z} \tag{1.3}$$

となり，

$$x + z = 0, y = 0, -2z = 1 \tag{1.4}$$

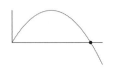

である．これらより，$x = 1/2, y = 0, z = -1/2$ が得られる．したがって，

$$T = \alpha\sqrt{\frac{l}{g}} \tag{1.5}$$

が得られる[注27]．

例題 1.3　ばね定数が k，おもりの質量が m のばね振り子がある．このばね振り子を水平な台の上において振動させる．この振動の周期 T の次元解析を行って，T, k, m の間の関係を考察せよ．

解　関連する物理量は T, m, k のみである．したがって，それらの間になんらかの関係が期待される．その関係を

$$T = \alpha m^x k^y$$

とおこう．α は無次元の定数である．ばね定数の次元は $\left[\dfrac{\text{力}}{\text{長さ}}\right] =$

$\dfrac{\mathsf{MLT}^{-2}}{\mathsf{L}} = \mathsf{MT}^{-2}$ であるので，

$$\mathsf{T} = \mathsf{M}^x(\mathsf{MT}^{-2})^y = \mathsf{M}^{x+y}\mathsf{T}^{-2y}$$

である．したがって，

$$x + y = 0, -2y = 1$$

が得られる．解くと

$$y = -\frac{1}{2}, x = \frac{1}{2}$$

となる．ゆえに，

$$T = \alpha\sqrt{\frac{m}{k}}$$

が得られる．

1.7　測定の不確かさ

　高校では，測定値と真の値の差を誤差と定義したが，**真の値は原理的にわからない**ので，誤差を求めることは不可能になってしまう．そこで測定可能な量のみから，測定の不確かさの目安を得る方法を考えよう．

　ある物理量の測定を多数行った際，測定条件は同一なのに測定値がばらついてしまう．測定を多数繰り返すと，測定値は図 1.4 のように釣り鐘状の正規分布と呼ばれる分布を示すことが多い．以下では，測定値の分布は正規分布であることを仮定する．

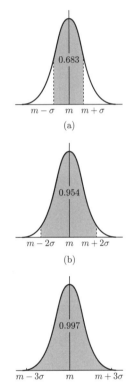

(a)

(b)

(c)

図 1.4　測定値のばらつき．測定値が $\mu - \sigma$ と $\mu + \sigma$ の間になる確率は 68.3 %，測定値が $\mu - 2\sigma$ と $\mu + 2\sigma$ の間になる確率は 95.4 %，そして，測定値が $\mu - 3\sigma$ と $\mu + 3\sigma$ の間になる確率は 99.7 % である．

注 **28** n 回測定して，その i 番目の測定値を m_i とする．平均値は $m = \dfrac{1}{n}\sum_i m_i$ で，標準偏差 σ は $\sigma^2 = \dfrac{1}{n}\sum_i (m_i - m)^2$ の平方根である．

注 **29** 正規分布で N が多数の場合，N 回の平均値のバラツキは測定値のバラツキの $1/\sqrt{N}$ 倍になることが知られている．

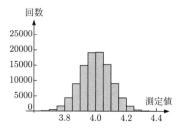

図 1.5 ある測定対象を小数点以下 2 桁まで 100000 回測定した場合の測定値のヒストグラム（ある測定値があらわれる回数を示す）．平均値は 4.00 で標準偏差は 0.10 であることを読み取ることができる．

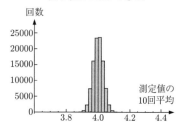

図 1.6 図 1.5 の測定値を，10 回平均した場合の平均値のヒストグラム．

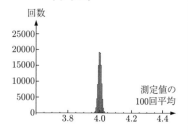

図 1.7 図 1.5 の測定値を，100 回平均した場合の平均値のヒストグラム．

多数の測定を繰り返すことによって，その平均値 m と標準偏差 σ を求めることができる[注28]．統計学によれば，測定値が $m - \sigma$ と $m + \sigma$ の間になる確率は 68.3 % になる．そこで，$m \pm \sigma$ によって**物理量の測定値**を表すこととする．特に σ を**標準不確かさ**といい，高校での誤差と同様に扱うことができる．物理量を測定する際，測定器具の最小目盛の $\dfrac{1}{10}$ まで測定した場合を考えよう．その場合，最小目盛までは確実に読みとることができるので，測定値の標準偏差は測定器具の最小目盛の $\dfrac{1}{10}$ と同程度だと考えることができる．先に挙げた板の長さを測定した図 1.1 の例ならば，19.2 ± 0.1 mm と表記できることになる．したがって，1.2 節の測定値に対する計算方法は妥当である．

測定を繰り返してその平均値を計算しよう．図 1.5，1.6 そして 1.7 からわかるように，平均する測定値の数が多数であるほど，平均値のバラツキは小さくなる[注29]．

例題 1.4 棒の長さを 10 回測定したところ，以下の測定値が得られた．有効桁を考慮して測定値（棒の長さ）の平均値と標準偏差を求めよ．もしも 1 回測定した場合に，どのような測定値が得られると期待できるか？

表 1.2 棒の長さの測定．

回数	1	2	3	4	5
棒の長さ〔mm〕	75.4	75.5	75.7	75.4	75.6
回数	6	7	8	9	10
棒の長さ〔mm〕	75.5	75.7	75.5	75.6	75.6

解 各測定値を x_i と書く．その平均 $\bar{x}$ は，$\bar{x} = \dfrac{\sum_{i=1}^{10} x_i}{10} = 75.55$ mm である．有効数字を考慮すると，この棒の長さの測定値の平均値は 75.6 mm である．

一方，標準偏差は，$\sigma = \sqrt{\dfrac{\sum_{i=1}^{10}(x_i - \bar{x})^2}{10}} = 0.108$ mm である．有効桁を考慮すると 0.1 mm が標準偏差になる．

したがって，棒の長さの測定値は 75.6 ± 0.1 mm になる．

1.8 表記法 ●

表記に関する注意をまとめた.

- 物理量を表す記号と単位

　♡ のついたセクションでは，最初に出てきた文字変数に対してのみ高校物理の教科書の記述と同様に $x\,[\mathrm{m}]$ のようにその単位を〔　〕の中に入れて記述する．ただし，2 度目以降は単位を記さない．本来，物理量を表す文字変数は数値とその単位が組み合わさったものであり，高校の表記法は「奇妙な」ものである[注30]．しかしながら，本書の目的である「高校物理と大学物理の橋渡し」という観点から，できるだけ高校物理の教科書の表記法からスムーズに大学での表記法に移行できるように上のような対応を行う．♡ のつかないセクションでは記号には単位が含まれているという立場から x のように記述する.

- SI（Système International d'Unités, 国際単位系）の使用

　`https://www.nmij.jp/library/units/si/` を参照のこと.

- ベクトルの表現

　ベクトルは『$\vec{F}$』のように上矢印で表す．ISO[注31]では斜太字 $\boldsymbol{F}$[注32]を用いることになっているが，本書では学習者が慣れている高校数学の表記法に準拠する．ふたつのベクトルの間の演算である内積は『$\vec{A}\cdot\vec{B}$』，外積は『$\vec{A}\times\vec{B}$』[注33]のように，標準的な表記にしたがう.

- ベクトルの成分表示

　ベクトル $\vec{a}$ の成分を表示する場合は，(a_x, a_y, a_z) のように記述する．多くの教科書で行われている，単位ベクトル $\vec{i}, \vec{j}, \vec{k}$ を用いた $a_x\vec{i}+a_y\vec{j}+a_z\vec{k}$ のような表記は行わない[注34].

- 微分記号

　微分はライプニッツに従って 『$\dfrac{dx}{dt}$』のように表記する[注35].

- ギリシャ文字[注36]

注30 $x\,[\mathrm{m}]$ は x が 5 m を表しているのならば，5 m〔m〕と記しているようなものである.

注31 International Organization for Standardization の略で，スイスのジュネーブに本部を置く非政府機関（国際標準化機構）の略称である.

注32 高校の物理の教科書では，強調を表すために「ベクトルでないものに対して，太字を用いる」ことがあるので注意が必要である.

注33 多くの学生が「×」をスカラー量の積の記号と混同する．そこで，以前の版では「∧」を用いていた.

注34 $\vec{i}=(1,0,0), \vec{j}=(0,1,0), \vec{k}=(0,0,1)$ である.

注35 微分記号は高校数学に準拠して斜体 d で示す．ISO では立体 d である．また，簡略表示『x'』，ニュートン表示『$\dot{x}$』は使用しない.

注36 角度には θ，角速度には ω など，特定の物理量に対応させる文字はおおよそ決まっている．本書で勉強すれば，自然と覚えることができるだろう.

表 1.3 ギリシャ文字

A	α	alpha	B	β	beta	Γ	γ	gamma	Δ	δ	delta	E	ε	epsilon
Z	ζ	zeta	H	η	eta	Θ	θ	theta	I	ι	iota	K	κ	kappa
Λ	λ	lambda	M	μ	mu	N	ν	nu	Ξ	ξ	xi	O	o	omicron
Π	π	pi	P	ρ	rho	Σ	σ	sigma	T	τ	tau	Y	υ	upsilon
Φ	φ	phi	X	χ	chi	Ψ	ψ	psi	Ω	ω	omega			

章末問題

問題 1.1♡ 力学に関連して固有の単位をもつ物理量（周波数, 力, エネルギー（仕事）, 仕事率）の単位記号と国際単位系による単位を表にまとめよ.

表 1.4 力学に関連する固有の名称を持つ SI 組み立て単位.

物理量	単位	単位記号	SI 基本単位による表現
周波数			
力			
エネルギー			
仕事率			

問題 1.2♡ 以下のクリップの長さを測定せよ.

(1)

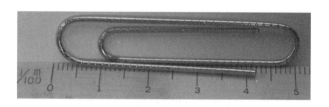

(2)

(3)

問題 1.3♡ 有効数字を考慮して次の計算をせよ.

(1) $2.11 + 1.11$

(2) $1.0 + 1.11$

(3) $2.11 - 1.11$

(4) $2.0 - 1.00$

(5) $(8.8 \times 10^{-1}) \times (8.8 \times 10^{-1})$

(6) $(8.8 \times 10^{-1}) \times (8 \times 10^{-1})$

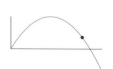

(7)　1.2/3.0

(8)　1.2/3

(9)　1.0 + π

(10)　π − 2.00

(11)　π × 2.00

(12)　π/3.0

問題 1.4$^\heartsuit$　次の 2 枚の板の縦と横の長さを測定して，面積を求めよ．

(1)

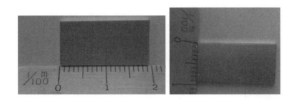

(2)

問題 1.5$^\heartsuit$　ばね定数が k，おもりの質量が m のばね振り子がある．このばね振り子を鉛直につり下げて，振動させる．この周期 T の次元解析を行って，T, k, m, g の間の関係を考察せよ．ただし，g は重力加速度である．

問題 1.6　さいころのある 1 辺の長さを 10 回測定したところ，以下の測定値が得られた．有効桁を考慮して，その平均値と標準偏差を求めよ．もしも 1 回測定した場合に，どのような測定値が得られると期待できるか？

表 1.5　さいころの 1 辺の長さの測定.

回数	1	2	3	4	5
棒の長さ〔mm〕	10.5	10.5	10.6	10.4	10.6
回数	6	7	8	9	10
棒の長さ〔mm〕	10.6	10.7	10.5	10.6	10.5

◆ ——— 計算を行う際に注意すべきこと ——— ◆

物理学は実験科学であるので，モデルを立ててそのモデルに従って結果を予想することができないといけない．そして，その予想を行う上で，数値計算を避けて通ることはできない．ここでは，数値計算を行う上で注意すべきことを重要な順に挙げよう．具体例としては，多数の鉛筆の長さを測定して，その平均値を計算する場合を考える．

- 次元（鉛筆の質量の平均値を求めていないか？）

  次元が合わなければ，どのような計算だろうと全く意味がないことは明らかである．また，次元があっているかどうかの判定は簡単にできる場合が多い．いわば，「『みかんを 1 m ください』と言っていないか」をチェックするべきだということである．

- 正負（鉛筆の長さの平均値が負になっていないか？）

  例えば，宇宙が膨張するのか？　収縮するのか？　ということを問題にする必要があるということである．身近な例では，君たちの成績が良くなるか，悪くなるかという問題も同様なことがいえて，両者では全く異なった結果をもたらす．

- 程度[注37]（鉛筆の長さの平均値が 1 m になっていないか？[注38]）

  以前，小学校では，π を 3 として計算するということが問題になったことがあった．これは，π は誤差 5 % 程度を許せば，3 に近似できるという意味であった．計算では，まず大まかな結果を知ることが重要である．そして，常識と一致するかを考える必要がある．ある人の身長を計算した結果，例えば 10 m になれば間違っていることは明らかである．

- ファクター（鉛筆の長さの平均値が 10 cm か 11 cm かのどちらであるか？）

  π の例を挙げると，3.1 と近似すべきか 3.2[注39] とするべきか？　ということである．このレベルまで達すると，常識的な判断というものは通用せず，間違いなく計算する必要がある．しかしながら，「次元」，「正負」，そして「程度」のチェックをクリアしていれば，正しい計算を行っている可能性は非常に高い．

以上のことを考えると，計算に電卓を使うことは教育的ではないかもしれない．電卓を使うと多数の桁数の「結果」が出てきて，ファクターにばかり注意が集中して，それよりも大切な「次元」，「正負」，そして「程度」に対する考察が疎かになりがちである．

図 1.8　次元は正しい？

注 37　「オーダー（order）」ともいう．

注 38　冗談商品として，長さ 40 cm くらいの「鉛筆」はあるけれど．

注 39　3.14 と 3.15 のどちらにすべきか？としても良い．

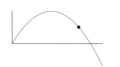

2

直線上の物体の運動

第1章で，我々は3次元空間中の運動を考察すると述べたが，まず1次元空間（向きを定めた直線上）の物体の運動について詳細に検討する[注1].

注1　3次元空間中の運動は，お互いに直交した1次元空間上の運動の組み合わせとして理解することができる.

2.1　1次元運動における座標，速度，加速度♡ ————————●

運動の様子を表す物理量として，まず向きを定めた直線上の物体の位置を表す x [m] を定義する．直線の向きは直線に矢印を描くことによって表すことにする[注2]．向きのある直線上にある点を定め，それを原点とする．向きのある直線上のある物体の位置 x の大きさは原点からの距離とする．ただし，物体の位置が原点から直線の矢印の向きにある場合には正の値を，逆向きにある場合には負の値をとるものとする．物体の運動の様子は，この x の時間変化として捉えることができる．

注2　向きのある直線を考えることは，座標軸を定めることである.

1次元的な運動を測定する方法として，図 2.2 のような記録タイマーと力学台車を使う場合を考えよう．力学台車の各瞬間の位置と記録テープのマークの位置を一対一に対応させることができる[注3]．いいかえると，記録テープに残されたマークの場所から，力学台車の位置を測定することができるのである．打刻は一定の時間間隔で行われる[注4]ので，何番目の打刻（マーク）かがわかれば時間がわかる．

図 2.1　向きのある直線上の位置を表す変数.

注3　記録テープに打刻するために必要な時間とマークの大きさが十分小さいという近似をしている.

注4　離散時な時刻での測定となっている.

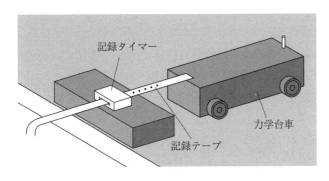

図 2.2　1次元的な運動の測定．記録タイマーは一定の時間間隔で打刻を行い，その下に置かれた記録テープにマークをつけることができる．記録テープの端は力学台車に固定されており，力学台車の移動に伴い記録テープも動くので，記録テープのマークの場所から力学台車のある瞬間の位置を測定することができる．

では，表2.1のような測定結果が得られたとしよう．記録タイマーは0.10 s間隔で打刻を行うとする．記録テープを解析することによって，0.10 s間隔で力学台車の位置を測定することができる．

表2.1　記録テープのマークの位置とそれらから計算された平均の速度と加速度．打刻は0.10 s毎に行われる．平均の速度と加速度は，それらを求めるために用いた数値の間に記入することによって，平均していることが明確になるようにした．

マーク	0		1		2		3		4		
x〔m〕	0.00		0.20		0.40		0.60		0.80		
$\bar{v}$〔m/s〕		2.0		2.0		2.0		2.0		2.0	
$\bar{a}$〔m/s²〕			0.0		0.0		0.0		0.0		
マーク	5		6		7		8		9		10
x〔m〕	1.00		1.20		1.40		1.60		1.80		2.00
$\bar{v}$〔m/s〕		2.0		2.0		2.0		2.0		2.0	
$\bar{a}$〔m/s²〕	0.0		0.0		0.0		0.0		0.0		

物体の運動の様子を表す物理量として，速度を考えよう．t_1〔s〕からt_2〔s〕の間に物体がx_1〔m〕からx_2〔m〕まで動いた場合の**平均の速度** $\bar{v}$〔m/s〕を[注5]，

$$\bar{v} = \frac{x_2 - x_1}{t_2 - t_1} \tag{2.1}$$

と定義する．表2.1には，この平均の速度も示してある．速度は変化することも多いので，各瞬間の刻々と変化する速度（**瞬間の速度**）[注6]も重要な物理量である．この瞬間の速度は式(2.1)でt_1とt_2の間の時間間隔をきわめて短くしたときの値である．測定例に対応させると，0.10 sだった打刻の時間間隔をきわめて短くすれば良い[注7]．ここで，定義した速度と日常生活で用いられる**速さ**という言葉の違いに注意する必要がある．速さに正負は存在せず，速さは速度の大きさである．

次に，速度の変化の割合，すなわち加速度を考えよう．t_1からt_2の間に物体の瞬間速度がv_1〔m〕からv_2〔m〕まで変化した場合の**平均の加速度** $\bar{a}$〔m/s²〕を[注8]，

$$\bar{a} = \frac{v_2 - v_1}{t_2 - t_1} \tag{2.2}$$

と定義する．表2.1には，この平均の加速度も示してある[注9]．加速度は変化することも多いので，各瞬間の刻々と変化する加速度（**瞬間の加速度**）[注10]も重要な物理量である．この瞬間の加速度は式(2.2)でt_1とt_2の間の時間

注5　$\bar{v}$のように『‾』（バー）をつけたのは，これがt_1からt_2という間の平均の速度を表すためである．

注6　瞬間の速度には『‾』のない記号vを用いる．定義が明確でない点（きわめてという言葉）に注意．

注7　表2.1は速度が一定で，平均の速度と瞬間の速度が同じ場合である．

注8　$\bar{a}$のように『‾』（バー）をつけたのは，これがt_1からt_2という間の平均の加速度を表すためである．

注9　表2.1は速度が一定で，したがって平均の加速度と瞬間の加速度がどちらも0.0 m/s²の場合である．

注10　瞬間の加速度には『‾』のない記号aを用いる．定義が明確でない点（きわめてという言葉）に注意．

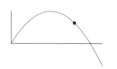

間隔をきわめて短くしたときの値である. 速度が正でも, その大きさが減少する場合の加速度は式 (2.2) からわかるように負になる [注11].

例題 2.1 以下の場合の平均の速度を求めよ. 東向きを x 軸の正の向きとする.

(1) 原点から東へ 3.6 km 離れた点 A に, 6.0×10^1 分で行った.

(2) 原点から西へ 3.6 km 離れた点 B に, 6.0×10^1 分で行った.

(3) 原点から点 A へ 6.0×10^1 分で行き, そこから原点へ 6.0×10^1 分で戻った.

解 (1) 点 A の座標は 3.6×10^3 m, 原点からそこまで 1 時間 (3.6×10^3 s) かけて動いたので, 平均の速度は 1.0 m/s である.

(2) 点 B の座標は -3.6×10^3 m である. 同様に考えて, -1.0 m/s である.

(3) 出発点に戻ってきたので, 全体としての移動距離は 0.0 m. したがって, 平均の速度は 0.0 m/s である.

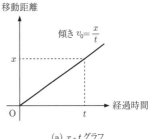

(a) x-t グラフ

2.2 等速直線運動 ♡ ●

動く歩道に乗った人の運動のような, 一定の速さ v_0〔m/s〕で直線上を進む物体の運動 (**等速直線運動**) を考えよう (図 2.3 参照). 時刻 $t = 0$ s における位置を x_0〔m〕とすると, ある時刻 t〔s〕における位置 x〔m〕は, 式 (2.1) より [注12]

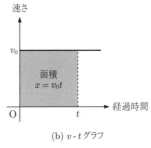

(b) v-t グラフ

図 2.3 等速直線運動のグラフ. $x_0 = 0$ m の場合.

$$x - x_0 = v_0 t \tag{2.3}$$

となる. $x - x_0$ は時刻 $t = 0$ s から t までの位置ベクトルの変化で**変位**という. 時刻 $t = 0$ s から t までの移動距離は速度を表す直線と t 軸の間の面積だから, 図 2.3 からも式 (2.3) がわかる.

表 2.1 は, このような等速直線運動の測定結果を表している.

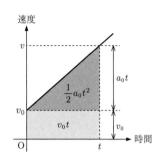

図 2.4 等加速度直線運動の v-t グラフ. $v_0 > 0$ かつ $a_0 > 0$ の場合.

注 13 図を描くために, $a > 0$ かつ $v_0 > 0$ の場合を考える.

2.3 等加速度直線運動 ♡

重力のもとでの鉛直方向の運動のように, 一定の加速度 a_0〔m/s^2〕で直線上を物体が運動する**等加速度直線運動**を考えよう. 時刻 $t = 0\,$s における速度 (初期速度) を v_0〔m/s〕, 位置 (初期位置) を x_0〔m〕とする. 式 (2.2) から, ある時刻 t〔s〕における速度 v〔m/s〕は,

$$v - v_0 = a_0 t \tag{2.4}$$

となる.

この場合の v-t グラフは, 図 2.4 のようになる [注13]. 時刻 $t = 0\,$s から t までの移動距離は速度を表す直線と t 軸の間の面積だから, 時刻 t における x 座標を x〔m〕として, 図 2.4 から

$$x - x_0 = v_0 t + \frac{1}{2} a_0 t^2 \tag{2.5}$$

となることがわかる. 式 (2.4), (2.5) から t を消去すると,

$$v^2 - v_0{}^2 = 2a_0 (x - x_0) \tag{2.6}$$

が得られる.

次に, $v_0 > 0$ かつ $a_0 < 0$ の場合の等加速度直線運動を考えよう. 式 (2.4), (2.5), (2.6) は a_0 に負の値を代入すれば, そのまま成り立つ. v-t グラフと x-t グラフは図 2.5 のようになる. グラフからわかるように, x の最大値は, $v = 0\,$m/s となる時刻 $t_{\max} = -\dfrac{v_0}{a_0}$ に, $x_{\max} = -\dfrac{v_0{}^2}{2a_0}$ となる. ここで, $a_0 < 0$ であるので, $t_{\max} > 0$ かつ $x_{\max} > 0$ であることに注意.

高校物理では, 鉛直方向の運動として自由落下, 鉛直投げ下ろし, そして鉛直投げ上げの 3 種類の運動を勉強した. これらの運動は, 加速度が重力加速度 g〔m/s^2〕の等加速度直線運動として理解される. 重力加速度の正負は, 鉛直下向きあるいは鉛直上向きのどちらを基準にとるかによって決まる.

- 自由落下: $v_0 = 0$.
- 鉛直投げ下ろし: v_0 と g が同符号.
- 鉛直投げ上げ: v_0 と g が異符号.

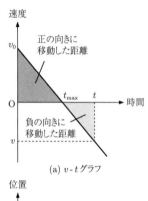

(a) v-t グラフ

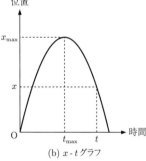

(b) x-t グラフ

図 2.5 $v_0 > 0$ かつ $a < 0$ の場合の等加速度直線運動の v-t および x-t グラフ.

例題 2.2 高さ h〔m〕のビルの屋上からボールを自由落下させた.

(1) ボールが地面に落ちるまでに必要な時間はいくらか?

(2) そのときのボールの速度を求めよ.

ただし, 重力加速度の大きさを g〔m/s^2〕とする.

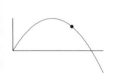

解 ビルの屋上を座標の原点として鉛直下向きに座標軸 x をとる（座標軸を明確にすることが大切である）．この座標軸で重力加速度は正の値をとる．

(1) ボールが地面に落ちるまでの時間を t とすると，その間にビルの高さだけ動く（変位する）ので，式 (2.5) より
$$h = \frac{1}{2}gt^2$$
となる．したがって，地面に落ちるまでの時間は
$$t = \sqrt{\frac{2h}{g}}$$
となる．

(2) そのときのボールの速さを v とすると，式 (2.4) と上で求めた t より
$$v = gt = \sqrt{2gh}$$
となる．ここで，向きも考慮すると，地面に落ちるときの速度は鉛直下向きに大きさ $v = gt = \sqrt{2gh}$ である．

例題 2.3 高さ h〔m〕のビルの屋上から，ボールを時刻 $t = 0$ s に自由落下させた．同時に地上から初速度の大きさ v_0〔m/s^2〕で，別のボールを鉛直上向きに投げ上げた．

(1) ボールが衝突する時刻を求めよ．

(2) 衝突する高さを求めよ．

ただし，重力加速度の大きさを g〔m/s^2〕とする．また，衝突は地面より上で起こったものとする．

解 地上を座標の原点として鉛直上向きに座標軸 x をとる（座標軸を明確にすることが大切である）．この座標軸で重力加速度は負の値をとる．また，投げ上げるボールの初速度は正である．自由落下させるボールを A とする．時刻 t の A の位置 x_A は
$$x_A = h + \frac{1}{2}(-g)t^2$$
となる．投げ上げるボールを B とする．時刻 t での B の位置 x_B は
$$x_B = v_0 t + \frac{1}{2}(-g)t^2$$
となる．

(1)　ボールが衝突するとは，ある時刻 t で

$$x_A = x_B$$

となることである．すなわち，

$$h - \frac{1}{2}gt^2 = v_0 t - \frac{1}{2}gt^2$$

である．この式から，

$$t = \frac{h}{v_0}$$

と衝突する時刻が得られる．

(2)　上で得られた t を x_B の式（x_A の式でも OK）に代入すると，衝突する高さ

$$v_0 \frac{h}{v_0} - \frac{1}{2}g \left(\frac{h}{v_0} \right)^2 = h - \frac{1}{2}g \left(\frac{h}{v_0} \right)^2 = h \left(1 - \frac{gh}{2v_0{}^2} \right)$$

が得られる．

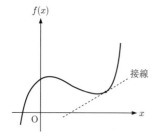

図 2.6　関数 $y = f(x)$ における接線の傾きを求める（微分する）．

2.4　物理と微積分

高校では数学で微積分の勉強を行っているにもかかわらず，物理学の勉強に応用することは避けられている．ニュートンは力学への応用を考えて微積分学を発明したのだから，高校でも力学の勉強に微積分学を応用すべきではないだろうか？　実際，力学を理解するためには微積分の考えが必要で，高校物理の中で微積分という言葉をあらわにせずに微積分を用いている．

微分はある関数 $f(x)$ の接線の傾き，あるいはその関数の「平均の変化率の極限」であり，

$$\frac{df(x)}{dx} = \lim_{\Delta x \to 0} \frac{f(x + \Delta x) - f(x)}{\Delta x} \tag{2.7}$$

によって表される．

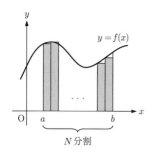

図 2.7　関数 $y = f(x)$ を $x = a$ から $x = b$ まで N 個の区間に分割する．

一方，ある関数 $f(x)$ の範囲 a から b の定積分を求めるという操作は，その関数 $f(x)$ と x 軸，および $x = a$ と $x = b$ で囲まれる図形の面積を求めることであり，

$$\int_a^b f(x)\,dx = \lim_{N \to \infty} \sum_{i=0}^{N-1} f \left(a + \frac{b-a}{N}i \right) \frac{b-a}{N} \tag{2.8}$$

で求めることができる．

注 14　物理では，独立変数として時間 t をとることが多く，t で微分することが多い．

高校物理では，v-t グラフの接線の傾きを求める（＝微分を行う）[注14] ことにより加速度を求め，v-t グラフの面積を求める（＝積分を行う）ことに

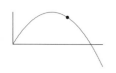

より変位を求めている．すなわち，微積分という言葉を使わずに，その概念を用いていたのである．

例題 2.4 $y = x$ のグラフの $x = 0$ から $x = 1$ までの積分を，N 個の長方形に分割してその面積の和を求めることによって行え．

解 この区間を N 個に分割すると，

$$S_■ = \sum_{0 \le i \le N-1} \left(\frac{i}{N}\right) \frac{1-0}{N} = \frac{N-1}{2N} = \frac{1}{2} - \frac{1}{2N}$$

$$S_□ = \sum_{0 \le i \le N-1} \left(\frac{i+1}{N}\right) \frac{1-0}{N} = \frac{N+1}{2N} = \frac{1}{2} + \frac{1}{2N}$$

$S_■ < S < S_□$ なので，$N \to \infty$ とすることによって，S は $\frac{1}{2}$ となることがわかる．

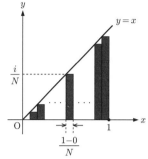

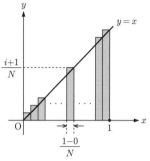

図 **2.8** 例題 2.4 の $S_■$（上）と $S_□$（下）

2.5 微分と積分の関係

不定積分は

$$F_a(\xi) = \int_a^\xi f(x)\,dx$$

と定義される．ξ が独立変数である．図 2.9 を参照して，

$$F_a(\xi + \Delta\xi) = F_a(\xi) + f(\xi)\Delta\xi$$

$$\Downarrow$$

$$\frac{F_a(\xi + \Delta\xi) - F_a(\xi)}{\Delta\xi} = f(\xi)$$

$$\Downarrow \quad \Delta\xi \to 0$$

$$\frac{d}{d\xi} F_a(\xi) = f(\xi)$$

すなわち，$\dfrac{d}{dx} F_a(x) = f(x)$ であり，積分が微分の逆演算であることがわかる [注15]．

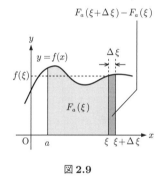

図 **2.9**

注 **15** $\dfrac{d}{dx}(F_a(x) + c) = f(x)$，ただし c は任意定数．

2.6 直線上の等速度運動と等加速度運動

直線上の物体の等速度運動と等加速度運動を微積分を用いて，統一的に理解しよう．ただし，位置の測定の曖昧さをなくすために [注16]，大きさをもたない**質点**を考える．加速度が時間的に変化しない（定数の）場合を考え，そ

注 **16** 大きさがある物体では，どの部分の位置を測定するかによって測定結果が異なり，位置測定が曖昧になる．

注 17 国際単位系では, a_0 の単位は m/s^2 である.

注 18 時間 t についての微分と積分である.

注 19 微分と積分は逆演算である.

注 20 式 (2.9) の右辺は, 加速度を積分することによって求めた時刻 0 s から t までの速度の変化である.

注 21 ここでは, 定数であることを表すために下付き添え字の 0 を用いている.

注 22 式 (2.10) の右辺は, 速度を積分することによって求めた時刻 0 s から t までの変位である.

注 23 時間の関数であることを強調するために, 引数 t を用いて, $a(t), v(t), x(t)$ のようにと表した.

注 24 慣性航法装置の原理である.

注 25 加速度を与える法則をニュートンが発見した.

の値を a_0 とする [注 17].

速度 v を微分 [注 18] することによって, 加速度 a_0 を得ることができるので, 逆に a_0 を積分 [注 18] することによって, t における v を求めることができ [注 19],

$$v - v_0 = \int_0^t a_0 \, dt' = a_0 t \tag{2.9}$$

となる [注 20]. ここで, v_0 は時刻 $t = 0$ s における速度であり, 積分を行う際に現れる積分定数に対応する. 数学では, 積分定数としては記号 c を使うことが多いが, 物理学ではその意味を考慮して, c 以外の物理変数を表す文字を [注 21] 使うことがある.

速度を積分することによって, t における位置 x を求めることができ,

$$x - x_0 = \int_0^t (a_0 t' + v_0) \, dt' = \frac{1}{2} a_0 t^2 + v_0 t \tag{2.10}$$

となる [注 22]. ここで, x_0 は時刻 $t = 0$ s における位置であり, 積分を行う際に現れる積分定数に対応する. v や x が時間 t の関数であることを明確にするために, $v(t)$ や $x(t)$ と書くことがある.

$a_0 = 0$ m/s^2 の場合, 等速度運動になることは明らかであろう. すなわち, 等速度運動は等加速度運動の特殊な場合（加速度がゼロ）と考えることができる. また, 加速度が一定でない場合は [注 23],

$$v(t) - v_0 = \int_0^t a(t') \, dt', \qquad x(t) - x_0 = \int_0^t v(t') \, dt'$$

を計算すれば, 速度と位置を時間の関数として求めることができる [注 24]. 積分定数は初期条件を満たすように決める. ひとたび $a(t)$ が与えられたならば [注 25], $v(t)$ と $x(t)$ を求めることは単なる数学の問題となる.

例題 2.5 エレベータの運動を考える.

(1) 地上で静止した状態から 1.0×10 s 後に上向きの速度が 1.0×10 m/s になった. 一定の加速度であったと仮定して加速度を求めよ.

(2) その後, 1.0×10 s は一定の速度で上昇を続けた. このときの加速度を求めよ.

(3) 最上階で止まる時は, やはり 1.0×10 s かけて静止した. このときの加速度を求めよ.

(4) このエレベータが止まった階は地上からどれくらいの高さか?

解 (1) 速度の変化率を求めればよいので, 鉛直上向きに

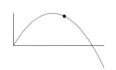

$$\frac{\text{速度変化}}{\text{時間}} = (1.0 \times 10\,\text{m/s})/(1.0 \times 10\,\text{s}) = 1.0\,\text{m/s}^2 \text{ である.}$$

(2) 速度の変化はないので，$0.0\,\text{m/s}^2$.

(3) 速度の変化率を求めればよいので，鉛直上向きに
$$\frac{\text{速度変化}}{\text{時間}} = (-1.0 \times 10\,\text{m/s})/(1.0 \times 10\,\text{s}) = -1.0\,\text{m/s}^2 \text{ あ}$$
るいは，鉛直下向きに $1.0\,\text{m/s}^2$.

(4) 図 2.10 において，速度の時間変化を表すグラフと t 軸の間の面積を求めれば良い.
$$\frac{1}{2}(1.0\,\text{m/s}^2)(1.0 \times 10\,\text{s})^2 + (1.0 \times 10\,\text{m/s})(1.0 \times 10\,\text{s})$$
$$+(1.0 \times 10\,\text{m/s})(1.0 \times 10\,\text{s}) + \frac{1}{2}(-1.0\,\text{m/s}^2)(1.0 \times 10\,\text{s})^2$$
$$= 200\,\text{m} = 2.0 \times 10^2\,\text{m}$$

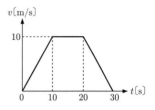

図 2.10 エレベーターの速度（ベクトル）の時間変化.

2.7 微分の公式♠ 注26

以下の微分の公式を理解しておくことが必要である 注27.

注26 本書では，進んだ内容を扱っているセクションのタイトルに♠をつけて，読者の注意を引くようにした.

注27 一度は自らの手で証明しておくこと．その後は公式として使ってもよい.

$$\frac{d}{dx}(f(x) \cdot g(x)) = \left(\frac{d}{dx}f(x)\right)g(x) + f(x)\left(\frac{d}{dx}g(x)\right)$$

$$\frac{d}{dx}(f(x) \cdot g(x)) = \lim_{\Delta x \to 0}\frac{f(x+\Delta x) \cdot g(x+\Delta x) - f(x) \cdot g(x)}{\Delta x}$$
$$= \lim_{\Delta x \to 0}\frac{(f(x+\Delta x) - f(x)) \cdot g(x+\Delta x)}{\Delta x}$$
$$+ \lim_{\Delta x \to 0}\frac{f(x) \cdot (g(x+\Delta x) - g(x))}{\Delta x}$$
$$= \left(\frac{d}{dx}f(x)\right)g(x) + f(x)\left(\frac{d}{dx}g(x)\right)$$

$$\frac{d}{dx}\frac{1}{g(x)} = -\frac{1}{(g(x))^2}\frac{d}{dx}g(x)$$

$$\frac{d}{dx}\frac{1}{g(x)} = \lim_{\Delta x \to 0}\frac{\frac{1}{g(x+\Delta x)} - \frac{1}{g(x)}}{\Delta x}$$
$$= \lim_{\Delta x \to 0}\frac{1}{g(x+\Delta x) \cdot g(x)}\frac{g(x) - g(x+\Delta x)}{\Delta x}$$
$$= \frac{1}{g(x)^2}\lim_{\Delta x \to 0} -\frac{g(x+\Delta x) - g(x)}{\Delta x}$$
$$= -\frac{1}{(g(x))^2}\frac{d}{dx}g(x)$$

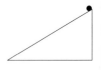

- $y = f(x)$, $x = g(t) \Rightarrow y = f(g(t))$ であるとき，$\dfrac{dy}{dt} = \dfrac{dy}{dx}\dfrac{dx}{dt}$

$$\frac{dy}{dt} = \lim_{\Delta t \to 0} \frac{f\left(g(t+\Delta t)\right) - f\left(g(t)\right)}{\Delta t}$$

$$= \lim_{\Delta t \to 0} \frac{f\left(g(t+\Delta t)\right) - f\left(g(t)\right)}{g(t+\Delta t) - g(t)} \frac{g(t+\Delta t) - g(t)}{\Delta t}$$

$$= \lim_{\Delta x \to 0} \frac{f\left(x+\Delta x\right) - f\left(x\right)}{\Delta x} \lim_{\Delta t \to 0} \frac{g(t+\Delta t) - g(t)}{\Delta t}$$

$$= \frac{dy}{dx}\frac{dx}{dt}$$

その他の微積分に関する知識（例えば，多変数関数の微分の応用である偏微分や多重積分）は，使用する際に触れる．

2.8　積分の概念♠

積分の考え方を理解するために，不規則な図形の面積を求める場合を考えよう．図 2.11 のように不規則な図形の上に方眼紙を重ねて，図形の中に完全に入っている正方形（黒正方形）とわずかでも良いから図形に重なっている部分がある正方形（灰色正方形）を考えよう．この不規則な図形の面積 S は，明らかに黒正方形の面積の和と黒と灰色の正方形の面積の和の間にある．ここで，マス目の大きさがより小さい方眼紙を用いて行うと，不規則な図形の面積をより正確に求めることができる．

方眼紙のマス目の大きさをどんどん小さくして正方形の数を数えることを行えば，不規則な図形の面積 S をいくらでも正確に求めることができる．

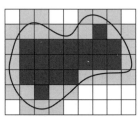
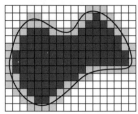

図 2.11　積分の概念. 不規則な図形の面積の求め方.

例題 2.6　図 2.11 の図で，面積 S のとりうる範囲を求めよ．上の図の正方形の 1 辺の長さは 1 m で，下の図の 1 辺の長さは 0.5 m である．

解 ● 図 2.11 の上図で灰色と黒の正方形の数の和は 49 個，黒の正方形の数は 20 個である．したがって，$20 < S < 49\,\mathrm{m}^2$ である．

- 図 2.11 の下図で灰色と黒の正方形の数の和は 166 個，黒の正方形の数は 102 個である．したがって，$25.5 < S < 41.5\,\mathrm{m}^2$ である．

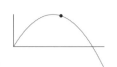

2.9 具体的な関数の微分 ♠ ────────────●

具体的にいくつかの関数の微分を，式 (2.7) に従って考えてみよう[注28].

- $f(x) = 1$

  $f(x)$ のグラフより，その傾きは 0 であることは明らかである．したがって $\dfrac{df(x)}{dx} = 0$ である．また，

  $$\lim_{\Delta x \to 0} \frac{(1) - (1)}{\Delta x} = \lim_{\Delta x \to 0} \frac{0}{\Delta x} = 0.$$

- $f(x) = x$

  $f(x)$ のグラフより，その傾きは 1 であることは明らかである．したがって $\dfrac{df(x)}{dx} = 1$ である．また，

  $$\lim_{\Delta x \to 0} \frac{(x + \Delta x) - x}{\Delta x} = \lim_{\Delta x \to 0} \frac{\Delta x}{\Delta x} = \lim_{\Delta x \to 0} 1 = 1.$$

- $f(x) = x^2$

  $$\lim_{\Delta x \to 0} \frac{(x + \Delta x)^2 - x^2}{\Delta x} = \lim_{\Delta x \to 0} \frac{2x\Delta x + \Delta x^2}{\Delta x}$$
  $$= \lim_{\Delta x \to 0} 2x + \Delta x = 2x.$$

- $f(x) = \sin x$

  $$\lim_{\Delta x \to 0} \frac{\sin(x + \Delta x) - \sin(x)}{\Delta x} = \lim_{\Delta x \to 0} \frac{\sin \Delta x/2}{\Delta x/2} \cos(x + \Delta x/2)$$
  $$= \cos x. \quad \text{[注29]}$$

  また，

  $$\lim_{\theta \to 0} \frac{\sin \theta}{\theta} = \lim_{\theta \to 0} \frac{\tan \theta}{\theta} = 1, \ \lim_{\theta \to 0} \cos \theta = 1$$

  となることは，図 2.12 より明らかである．

- $f(x) = e^x$

  $$\lim_{\Delta x \to 0} \frac{e^{x+\Delta x} - e^x}{\Delta x} = \lim_{\Delta x \to 0} \frac{e^x(e^{\Delta x} - 1)}{\Delta x}$$
  $$= e^x \lim_{\Delta x \to 0} \frac{e^{\Delta x} - 1}{\Delta x} = e^x \quad \text{[注30]}.$$

- $f(x) = \log_e x$

  $y = \log_e x$ は $x = e^y$ と書き直すことができる．

  これを，x で微分すると，$1 = \dfrac{de^y}{dx} = e^y \dfrac{dy}{dx} = x \dfrac{dy}{dx}$，したがって

  $$\therefore \quad \frac{dy}{dx} = \frac{1}{x}.$$

[注28] 関数の微分の結果を単に暗記するのではなく，図を用いて理解することが大切である．

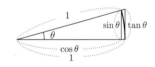

図 2.12 θ が微小な場合は，$\sin \theta \sim \theta \sim \tan \theta$, $\cos \theta \sim 1$ である．

[注29] 三角関数の公式
$$\sin \theta_1 - \sin \theta_2 = 2 \sin \frac{\theta_1 - \theta_2}{2} \cos \frac{\theta_1 + \theta_2}{2}$$
を用いた．

[注30] e の定義
$$\lim_{\varepsilon \to 0} \frac{e^\varepsilon - 1}{\varepsilon} = 1$$
を用いた．ここで，ε は微小な数を表す際によく使われる文字である．

章末問題

問題 2.1[♡]　以下の単位換算を行え.

(1)　9.0×10^1 km/h は何 m/s か^{注 31}.

(2)　1.0 m/s は何 km/h か.

問題 2.2[♡]　以下の場合の平均の速度を求めよ. 北向きを y 軸の正の向きとする.

(1)　原点から北へ 7.2×10^1 km 離れた点 A に, 6.0×10^1 分で行った.

(2)　原点から南へ 3.6×10^1 km 離れた点 B に, 6.0×10^1 分で行った.

(3)　原点から点 A へ 6.0×10^1 分で行き, そこから原点へ 9.0×10^1 分かけて戻った.

問題 2.3[♡]　地上に静止していたエレベータが一定の加速度で上昇して, 10 s 後には速度 12 m/s に達した. すぐに一定の加速度で減速を開始して, 5 s で速度がゼロになった. 速度がゼロになったときに最上階に達した. 鉛直上向きを正の向きとする.

(1)　加速時の加速度を求めよ.

(2)　減速時の加速度を求めよ.

(3)　最上階は地上何 m か?

問題 2.4[♡]　列車が一定の加速度 a で駅を出発した. 列車の先端が停止していた地点 (点 A とする) を列車の後端が通過するとき, その速度は v であった. 列車の進行方向を正の向きとする.

(1)　列車の後端が点 A に達するまでの時間 t_0 を求めよ.

(2)　この列車の長さ L を求めよ.

(3)　この列車の真ん中が点 A を通過したときの列車の速度 v_m を求めよ.

問題 2.5[♡]　静止していた自動車 A が時刻 $t = 0$ s に一定の加速度で加速を始めた. また, $t = 0$ s に一定の速度 10 m/s の自動車 B が, 自動車 A を追い越していった. A は出発して 100 m 進んだところで, B と同じ速度になった.

(1)　A の加速度の大きさを求めよ.

(2)　A が B に追いつくまでの走行距離を求めよ.

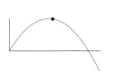

問題 2.6$^♡$　図 2.13 は $t = 0.0\,\mathrm{s}$ に原点にいた 1 次元運動を行う質点の速度 v と時刻 t の間の関係を示したものである.

(1)　$0.0\,\mathrm{s} \leq t \leq 18.0\,\mathrm{s}$ における加速度を表すグラフを描け.

(2)　$t = 0.0\,\mathrm{s}$ から $t = 18.0\,\mathrm{s}$ の間の移動距離を求めよ.

(3)　$t = 0.0\,\mathrm{s}$ から $t = 18.0\,\mathrm{s}$ の間の変位を求めよ.

(4)　質点の位置 x を時刻 t の関数として表せ. ただし, $0.0\,\mathrm{s} \leq t \leq 6.0\,\mathrm{s}$ の場合と $6.0\,\mathrm{s} \leq t \leq 18.0\,\mathrm{s}$ の場合に分けて考えること.

問題 2.7$^♡$　重力加速度 g のもとでの運動を考える.

(1)　質点 A を高さ h_0 ^{注32} から初速度 $0\,\mathrm{m/s}$ で落とした. 時刻 t での高さ $h_\mathrm{A}(t)$ を求めよ. また, その質点の速度と加速度を求めよ.

(2)　質点 A の真下で高さ $0\,\mathrm{m}$ から初速度 v_0 で質点 B を真上に投げ上げた. 時刻 t での高さ $h_\mathrm{B}(t)$ を求めよ. また, その質点の速度と加速度を求めよ.

(3)　質点 A と B が衝突する時刻はいつか?　$h_\mathrm{A}(t) = h_\mathrm{B}(t)$ から求めよ.

(4)　衝突する時刻を, 相対速度と最初の高さの差 h_0 から考察せよ.

問題 2.8　以下の関数の区間 $[1,2]$ の定積分を,「区間 $[1,2]$ を N 個に分割してその面積を足し合わせてから, $N \to \infty$ の極限をとる」ことによって, 求めよ.

(1)　$f(x) = 1$

(2)　$f(x) = x^2$

問題 2.9　x 軸上を質点が動いている. 質点の位置が以下のように表されているときの速度, 加速度を求めよ ^{注33}.

(1)　$x(t) = \dfrac{1}{2}a_0 t^2 + v_0 t + x_0$

(2)　$x(t) = r_0 \sin \omega t$

(3)　$x(t) = r_0 e^{-\gamma_0 t}$

問題 2.10　以下の関数の微分を, 微分の定義に従って計算せよ.

(1)　$f(x) = \sqrt{x}$

(2)　$f(x) = \dfrac{1}{x}$

問題 2.11　以下の関数の微分を行え.

(1)　$f(x) = \pi x^2$

(2)　$f(x) = \dfrac{4\pi}{3} x^3$

(3)　$f(x) = \dfrac{1}{1 + x}$

(4)　$f(x) = \dfrac{1}{1 + x^2}$

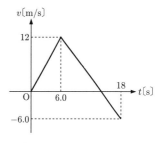

図 2.13　1 次元運動を行う質点の速度の時間変化.

注 32　$h_0 > 0$ とする.

注 33　0 の下付き添え字がついている文字（a_0, v_0, x_0 など）は定数を表すものとする.

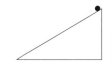

(5)　$f(x) = e^{1+x}$

(6)　$f(x) = e^{x^2}$

(7)　$f(x) = \sin x \, e^x$

(8)　$f(x) = \tan x$　ただし，$-\pi/2 < x < \pi/2$

(9)　$f(x) = \dfrac{\sin x}{x}$　　ただし，$x \neq 0$

問題 2.12　以下の関数の微分を [ ] 内の変数で行え．

(1)　$h(t) = -\dfrac{1}{2}gt^2 + v_0 t \quad [t]$

(2)　$y(t) = r_0 \sin \omega t \quad [t]$

(3)　$x(t) = r_0 \cos \omega t \quad [t]$

(4)　$\phi(r) = \dfrac{GMm}{r^2} \quad [t]$

(5)　$f(x, t) = A \sin 2\pi \left(\dfrac{x}{\lambda} - \dfrac{t}{T} \right) \quad [x]$

(6)　$f(x, t) = A \sin 2\pi \left(\dfrac{x}{\lambda} - \dfrac{t}{T} \right) \quad [t]$

問題 2.13　以下の関数の不定積分を行え．

(1)　$f(x) = \sin^2 x$

(2)　$f(x) = \cos^2 x$

(3)　$f(x) = \sin^3 x$

(4)　$f(x) = \cos^3 x$

(5)　$f(x) = xe^{-x^2}$

(6)　$f(x) = \dfrac{1}{x^2 - 1}$

(7)　$f(x) = \dfrac{1}{x^2 - 5x + 6}$

(8)♠　$f(x) = \dfrac{1}{\sqrt{x^2 + A}}$

問題 2.14　以下の定積分を行え．

(1)　$\displaystyle \int_0^{2\pi} \sin^2 x \, dx$

(2)　$\displaystyle \int_0^{2\pi} \cos^2 x \, dx$

(3)　$\displaystyle \int_0^a \sqrt{a^2 - x^2} \, dx$，ただし $a > 0$

(4)　$\displaystyle \int_0^1 \dfrac{1}{1 + x^2} \, dx$

問題 2.15♠　以下の定積分を行え．

$\displaystyle \int_{-\infty}^{\infty} e^{-x^2} \, dx$

◆──────── 科学者も人の子 ────────◆

　物理学が実験科学である以上，万有引力定数など基礎物理定数の測定は非常に重要である．しかしながら，基礎物理定数の測定に関してIntellectual phase-locking[注34]と名づけられた興味深い傾向が知られている．それは，

同一時期に測定された基礎物理定数は一致する

という傾向である．この傾向だけならば，測定を行った物理学者の努力を賞賛すればよい．なぜなら，基礎物理定数の測定で要求される非常に高い相対的な精度（10^{-9}など，あるいはもっと[注35]）を達成するには，大変な努力が必要だからである．ところが，賞賛ばかりできないことは以下の事実から明らかである．別の測定手法（おそらくはより精度の高い結果が期待される）が開発されて測定されると，以前の結果と新しい結果は誤差範囲を超えて一致しないことがある．そして，「以後しばらく測定される基礎物理定数は新しい値に一致する傾向がある」のである[1,2]．

　このIntellectual phase-lockingは，残念ながら慎重に実験を行っている研究者が，いわゆる「権威ある」データに囚われていることを意味しているのだろう．科学者は，科学者[注36]である以上「意図的にデータを粉飾する」ことはないはずである．では，なぜ無意識にしろ，自然をありのままに見つめることに失敗するのだろうか？おそらく，

実験における誤差の原因の追求をいつやめるか？

という判断の問題である．精密な実験を行うということは，実験誤差の原因をとり除き続けるということである．科学者といえども人の子であり，「権威あるデータ」と結果が一致したときに，誤差の原因がなくなったと判断してしまい，他の誤差の原因を見落としてしまうのだろう．

　科学は人間の営みである以上，「このような間違いをなくす」ことは難しい．それでも，科学者は最大限の努力を払って，このような間違いを減らす必要がある．さもなければ，科学の停滞を招いてしまうだろう[注37]．ここでは，基礎物理定数の測定を例に挙げたが，どのような研究でも起こりうることであり，注意しなければならない．

　また，間違いを犯してしまったときには，できるだけ早く訂正を行う必要がある．間違いを犯すのは，科学者としての能力が十分ではないということになるかもしれない．しかしながら，間違いを訂正すれば科学者であり続けることはできる．

参考文献

[1]　兵藤申一，『物理実験者のための13章』（東京大学出版会，1976）．

[2]　B. N. Taylor, D. N. Langenberg, and W. H. Parker, "The Fundamental Physical Constants", *Scientific American* **223** (1970) 62.

注34　「知的な位相同期」とでも訳すのだろうか？

注35　光格子時計では1×10^{-18}の精度が期待できる．

注36　自然をありのままに見つめ，「データの粉飾などを行わない」人でなければ，科学者ではない．科学者の定義である．

注37　このIntellectual phase-lockingは，2016年以降にときどき新聞を賑わしてる「データの捏造」とは別「次元」の問題である．

3次元空間中の物体の運動

物体の運動は，必ずしも直線上だけに限られるものではない．そこで，本章では3次元空間中の物体の運動を考察しよう[注1]．高校物理ではあまり触れられなかったベクトルの概念を導入すれば，3次元空間中の物体の運動を記述することが容易になる．

注1　高校物理では空間中の運動はあまり扱わず，平面上（2次元空間）の運動を考察する場合がほとんどである．

3.1　速度の合成と分解$^\heartsuit$ ————————————●

まず，直線上の運動に関して，相対速度や速度の合成を考える．例えば，動く歩道上を歩く小人を考える．歩道の進む速度をv_1〔m/s〕，歩道上を歩く小人の速度をv_2〔m/s〕とする．動く歩道に乗っていない小人にとって，動く歩道上を歩く小人の速度は

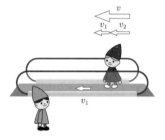

図3.1　動く歩道上を歩いている小人を動く歩道に乗っていない小人が見る．

$$v = v_1 + v_2$$

で表すことができる．v〔m/s〕のことをv_1とv_2の**合成速度**といい，合成速度を求めることを**速度の合成**という．v_1とv_2の符号が異なっている[注2]場合も成り立つことに注意すること．

注2　動く歩道の場合は，逆行することに対応する．ただし，危ないからしてはいけない．

次に，速度v_A〔m/s〕で動く歩道上に乗っている小人Aが速度v_B〔m/s〕で歩道に沿って歩いている小人Bを見た場合には，BはAから見て，速度

$$v_{AB} = v_B - v_A$$

で動いているように見える．Aから見たBの速度のことを**Aに対するBの相対速度**という．

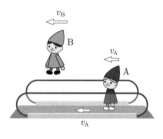

図3.2　動く歩道上に止まっている小人が歩道に沿って歩いている小人を見る．

例題 3.1　平行に走っている線路を2台の列車が走っている．

(1)　速度の大きさが100.0 ± 0.1 km/hの列車Aと50.0 ± 0.1 km/hの列車Bがすれ違った．列車Aから見た列車Bの速度の大きさを求めよ．ただし，単位は m/sにすること．

(2)　列車Aが列車Bを追い越した．列車Bから見た列車Aの速度の大きさを求めよ．ただし，単位は m/sにすること．

解 (1) 相対速度は

$$100.0 \pm 0.1 \, \text{km/h} + 50.0 \pm 0.1 \, \text{km/h} = 150.0 \pm 0.2 \, \text{km/h}$$

である[注3]. $150.0 \pm 0.2 = 150.2$, 149.8 および $150.0 \, \text{km/h}$ に $\dfrac{1000 \, \text{m/km}}{3600 \, \text{s/h}}$ を掛けて m/s に換算すると, 41.72, 41.61 および $41.66 \, \text{m/s}$ になる. したがって, 解としては誤差を大きくとって $41.7 \pm 0.1 \, \text{m/s}$ とする. ただし, $41.6 \pm 0.1 \, \text{m/s}$ も可とする.

注3 誤差は最悪の場合を考えて加算する.

(2) 同様に, 相対速度は

$$100.0 \pm 0.1 \, \text{km/h} - 50.0 \pm 0.1 \, \text{km/h} = 50.0 \pm 0.2 \, \text{km/h}$$

である. $50.0 \, \text{km/h}$ に $\dfrac{1000 \, \text{m/km}}{3600 \, \text{s/h}}$ を掛けて m/s に換算すると, $13.88 \, \text{m/s}$ になる. すれ違う場合と同様に, 解としては誤差を大きくとって $13.9 \pm 0.1 \, \text{m/s}$ とする.

例題 3.2 静水の場合に速さ $3.5 \, \text{m/s}$ で進む船が, 距離 $1.0 \times 10^2 \, \text{m}$ だけ離れた地点 A (川上) B (川下) を往復する. 川の流れは $3.0 \, \text{m/s}$ である. また, 岸を散歩する人がいて, 川上に向かって速さ $1.0 \, \text{m/s}$ で歩いている. 以下の問に答えよ. 川を下る向きを速度ベクトルの正の向きとする.

(1) 地点 A から地点 B まで進むとき, 岸から見た船の速度を求めよ.

(2) 地点 A から地点 B まで進むのに要する時間を求めよ.

(3) 船が地点 A から地点 B まで進んでいるときに, 散歩している人が船を見ると, 船はどれぐらいの速度で動いているように見えるか?

(4) 地点 B から地点 A まで進むとき, 岸から見た船の速度を求めよ.

(5) 地点 B から地点 A まで進むのに要する時間を求めよ.

(6) 船が地点 B から地点 A まで進んでいるときに, 散歩している人が船を見ると, 船はどれぐらいの速度で動いているように見えるか?

解 (1) $3.5 \, \text{m/s} + 3.0 \, \text{m/s} = 6.5 \, \text{m/s}$

(2) $1.0 \times 10^2 \, \text{m}/(6.5 \, \text{m/s}) = 1.5 \times 10^1 \, \text{s}$

(3) $6.5 \, \text{m/s} - (-1.0 \, \text{m/s}) = 7.5 \, \text{m/s}$

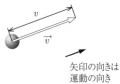

矢印の長さは
速度に比例

矢印の向きは
運動の向き

図 3.3　速度.

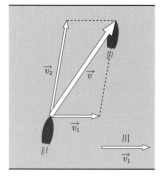

図 3.4　速度の合成. 合成速度 $\vec{v}$ は, 速度 $\vec{v}_1$ と速度 $\vec{v}_2$ を 2 辺とする平行四辺形の対角線として求められる.

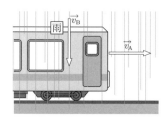

電車の外から見た雨滴

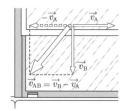

電車の中から見た雨滴

図 3.5　速度の差の作図法.

(4)　$-3.5\,\mathrm{m/s} + 3.0\,\mathrm{m/s} = -0.5\,\mathrm{m/s}$

(5)　$-1.0 \times 10^2\,\mathrm{m}/(-0.5\,\mathrm{m/s}) = 2 \times 10^2\,\mathrm{s}$

(6)　$-0.5\,\mathrm{m/s} - (-1.0)\,\mathrm{m/s} = 0.5\,\mathrm{m/s}$

　　物体の運動を考える場合には, その物体の運動する向きも重要である. そこで, 速度を大きさ（速度の大きさ＝速さ）だけでなく, 向きをもつ物理量として考え, 速度を表す文字 v の上に矢印をつけて, $\vec{v}\,\mathrm{[m/s]}$ のように表す. $\vec{v}$ を図に表す場合には, その大きさに比例した長さの矢印を用いる. 矢印の向きでその向きを表す.

　　幅の広い川を横切る船を考えよう. 岸から見た船の運動は図 3.4 のように, 川の水の動き（速度 $\vec{v}_1\,\mathrm{[m/s]}$ で表す）とその水に対する船そのものの運動（速度 $\vec{v}_2\,\mathrm{[m/s]}$ で表す）を加えたものになる. 図からわかるように, 岸から見た船の運動を表す $\vec{v}$ は, $\vec{v}_1$ と $\vec{v}_2$ を辺とする平行四辺形の対角線として求めることができ, ベクトル合成の平行四辺形の法則という. このようにして得られた $\vec{v}$ を

$$\vec{v} = \vec{v}_1 + \vec{v}_2$$

と表す.

　　次に, 速度 $\vec{v}_A\,\mathrm{[m/s]}$ で動いている電車に乗った人が速度 $\vec{v}_B\,\mathrm{[m/s]}$ で落ちてくる雨粒を見る場合を考える. A から見た B の速度を直線上の運動と同様に, **A に対する B の相対速度**と呼び,

$$\vec{v}_{AB} = \vec{v}_B - \vec{v}_A$$

となる. $\vec{v}_{AB}$ は図 3.5 のように求めることができる.

例題 3.3　秒速 $3.50 \times 10^1\,\mathrm{m/s}$ で直進している電車を考える. 電車の進む向きは y 軸の正の向きである. 電車の進む向きに直交するように道路があり, そこを $1.50 \times 10^1\,\mathrm{m/s}$ で自動車が走っている. 自動車の走る向きは x 軸の正の向きである. また, 雨が降っていて, その雨粒の速さは鉛直下向きに $7.0\,\mathrm{m/s}$ である. 鉛直下向きを z 軸の正の向きとする. 以下の問に答えよ.

(1)　地上に固定した座標系から見た電車, 自動車, 雨粒の速度ベクトルを求めよ.

(2)　電車から見た自動車の速度ベクトルを求めよ.

(3)　電車から見た雨粒の速度ベクトルを求めよ.

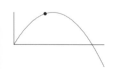

(4) 自動車から見た雨粒の速度ベクトルを求めよ.

解 (1) 電車の速度を $\vec{v}_t$ とすると, $\vec{v}_t = (0.0, 3.50 \times 10^1, 0.0)$ m/s, 自動車の速度を $\vec{v}_a$ とすると, $\vec{v}_a = (1.50 \times 10^1, 0.0, 0.0)$ m/s, 雨粒の速度を $\vec{v}_r$ とすると $\vec{v}_r = (0.0, 0.0, 7.0)$ m/s である.

(2) $\vec{v}_a - \vec{v}_t = (1.50 \times 10^1, -3.50 \times 10^1, 0.0)$ m/s

(3) $\vec{v}_r - \vec{v}_t = (0.0, -3.50 \times 10^1, 7.0)$ m/s

(4) $\vec{v}_r - \vec{v}_a = (-1.50 \times 10^1, 0.0, 7.0)$ m/s

---

例題 3.4 地上 h〔m〕の高さから小物体 A を落とすと同時に, その真下の地面から小物体 B を初速度 v_0〔m/s〕で真上に投げ上げた. 重力加速度を g〔m/s²〕とする. ただし, 鉛直上向きを z 軸の正の向きとする.

(1) 小物体 A と B の速度の時間変化を表すグラフを描け. ただし, $v_0 = 9.8$ m/s, $g = -9.8$ m/s² とし, 小物体 A を落とした瞬間を 0.0 s として, 2.0 s 後までのグラフを描くこと. また, ここでは衝突することは考慮しなくて良い.

(2) 小物体 A から見た小物体 B の速度を求めよ.

(3) 小物体 A と B が衝突する時刻 t_C〔s〕を求めよ. ただし, 地面より上で衝突するものとする.

(4) $v_0 = 9.8$ m/s, $g = -9.8$ m/s² のとき, 小物体 A と B が, ちょうど地面で衝突する場合の高さ h を求めよ.

解 (1) 小物体 A は初速度 0 m/s で, 加速度 g〔m/s²〕で速度を「増す」ので, $v_A(t) = 0 + gt = gt$ である. 一方, 小物体 B は初速度 v_0〔m/s〕で, 加速度 g〔m/s²〕で速度を「増す」ので, $v_B(t) = v_0 + gt$ である.

(2) 図 3.6 からわかるように, 小物体 A から見た小物体 B の速度は常に v_0〔m/s〕である.

(3) t_C は $h = v_0 t_C$ より求めることができ, $t_C = h/v_0$ となる.

(4) t_C の間に小物体 A は $-\frac{1}{2} g t_C^2$ だけ変位する. 小物体 A の位置が地面であるためには,

$$h = -\frac{1}{2} g t_C^2 = -\frac{1}{2} g \left(\frac{h}{v_0} \right)^2$$

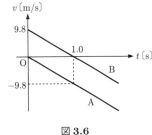

図 3.6

でなければならない。したがって，$h = -\dfrac{2v_0{}^2}{g}$ となる。g は負なので，h は正であることに注意。数値を代入すると，$h = 2.0 \times 10\,\mathrm{m}\,(19.6\,\mathrm{m})$ となる。また，衝突するのは $2.0\,\mathrm{s}$ 後である。

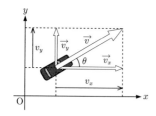

図3.7　速度ベクトルの x 軸と y 軸への分解。$\vec{v}_x = (v_x, 0)$，$\vec{v}_y = (0, v_y)$ である。

速度の合成とは逆に，速度 $\vec{v}$ を2つの速度 $\vec{v}_1$ と $\vec{v}_2$ に分けることもできる。1つの速度を2つの速度に分解することを**速度の分解**といい，分解された $\vec{v}_1$ と $\vec{v}_2$ を，それぞれ**分速度**という。速度の分解では，図3.7のように，互いに直交した2本の直線に平行な，2つの速度ベクトルに分解する場合が特に重要である。その2本の直線を，座標の x 軸と y 軸とする。速度 $\vec{v}$ をそれぞれの方向に分解したものを，$\vec{v}$ の x **成分**（$v_x\,[\mathrm{m/s}]$），$\vec{v}$ の y **成分**（$v_y\,[\mathrm{m/s}]$）と呼び，$\vec{v} = (v_x, v_y)$ と書くことができる。

例題3.5　図3.7で，v_x と v_y を $|\vec{v}|$ と θ で表せ。

解　図より，

  (1)　$v_x = |\vec{v}| \cos\theta$

  (2)　$v_y = |\vec{v}| \sin\theta$

となる。

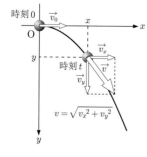

図3.8　水平投射。物体の速度の大きさは $\sqrt{v_x{}^2 + v_y{}^2}$ となり，その向きはその物体の進む向きである。すなわち，速度の向きは軌道の接線の方向に一致する。

注4　$t = 0\,\mathrm{s}$ において，$x = 0\,\mathrm{m}$ とする。

注5　$t = 0\,\mathrm{s}$ において，$y = 0\,\mathrm{m}$ とする。

3.2　平面内の運動 ♡

平面内の運動の速度ベクトルを，直交した x 軸と y 軸方向の成分に分解して考察する。最初に，水平投射を考えよう。図3.8のように x 軸と y 軸をとる。原点 O から水平方向（x 軸方向）に初速 $v_0\,[\mathrm{m/s}]$ で投げる。そして，物体の運動の速度を x 軸と y 軸に分解して考える。物体は x 軸方向には速度 v_0 の等速運動を行う。したがって，時刻 $t\,[\mathrm{s}]$ における x 軸方向の速度の成分を $v_x\,[\mathrm{m/s}]$，位置を $x\,[\mathrm{m}]$[注4] と書くことにすると，

$$v_x = v_0, \qquad x = v_0 t$$

である。一方，鉛直方向（鉛直下向きを y 軸の正の向きとする）には，自由落下と同じ運動を行う。時刻 t における物体の速度の成分を $v_y\,[\mathrm{m/s}]$ とし，位置を $y\,[\mathrm{m}]$[注5] とする。また，重力加速度の大きさを $g\,[\mathrm{m/s}^2]$ とすると，

$$v_y = gt, \qquad y = \frac{1}{2}gt^2$$

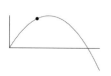

となる．物体の運動の軌道は，x, y を表す式から t を消去することにより，

$$y = \frac{g}{2v_0{}^2}x^2$$

と得られる．

　次に，斜方投射（物体を斜め上方に投射した場合）を考えよう．水平投射と同じように，水平方向と鉛直方向の運動に分解する．鉛直上向きを y 軸の正の向きとする．水平方向はやはり等速度運動になり，鉛直方向は鉛直投げ上げ[注6] と同じ運動をする．図 3.9 のように，x 軸方向の運動は，初速度が $v_0 \cos\theta$ になるので，

注6　水平投射とは異なり，初速度に鉛直方向の成分がある．

$$v_x = v_0 \cos\theta, \quad x = v_0 t \cos\theta$$

となり，y 軸方向の運動は，初速度が $v_0 \sin\theta$ で加速度が反対向きでその大きさが $g\,[\mathrm{m/s^2}]$ の加速度運動になるので，

$$v_y = v_0 \sin\theta - gt, \quad y = v_0 t \sin\theta - \frac{1}{2}gt^2$$

となる．x, y から t を消去すると，

$$y = x\tan\theta - \frac{g}{2v_0{}^2\cos^2\theta}x^2$$

となる．

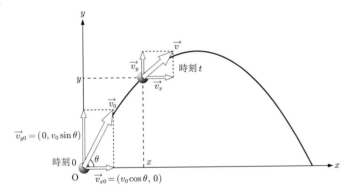

図 3.9　斜方投射．物体の初速度の大きさは v_0 で，その向きは水平方向に対して角度 θ だけ上向きである．$|\vec{v}| = \sqrt{|\vec{v}_x|^2 + |\vec{v}_y|^2}$ である．

　ここで，もっとも遠くに物体を到達させるために必要な投げ上げる角度を考える．上の式を変形すると[注7]

注7　$\sin 2\theta = 2\sin\theta\cos\theta$ を使う．

$$y = x\left(\frac{2v_0{}^2\sin\theta\cos\theta - gx}{2v_0{}^2\cos^2\theta}\right) = x\left(\frac{v_0{}^2\sin 2\theta - gx}{2v_0{}^2\cos^2\theta}\right)$$

となる．したがって，小物体が地面についたときの x 座標は $\dfrac{v_0{}^2}{g}\sin 2\theta$ となる．これを最大とする θ は $\dfrac{\pi}{4}$ であり，その最大値は $\dfrac{v_0{}^2}{g}$ となる．

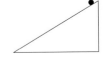

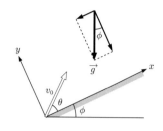

図 3.10

例題 3.6　水平から角度 ϕ〔rad〕をなす斜面の最下部から，その斜面に対して角度 θ〔rad〕だけ上向きに初速度の大きさ v_0〔m/s〕で小物体を投げ上げた．斜面に沿って上向きに x 軸をとり，それと垂直に y 軸をとって，以下の問に答えよ（図 3.10）．ただし，鉛直下向きの重力加速度の大きさを g〔m/s^2〕$(g > 0)$ とし，原点は投げ上げた地点とする．

(1)　初速度の x 成分と y 成分を求めよ．

(2)　重力加速度の x 成分と y 成分を求めよ．

(3)　投げ上げた瞬間を時刻 0〔s〕として，ある時刻 t〔s〕の x, y 座標を求めよ．ただし，斜面に再びぶつかるまでを考える．

(4)　斜面にぶつかるときの時刻を求めよ．

(5)　斜面にぶつかるときの x 座標を求めよ．

解　(1)　図 3.10 より，$v_x = v_0 \cos\theta$ と $v_y = v_0 \sin\theta$ となる．

(2)　図 3.10 より，$g_x = -g \sin\phi$ と $g_y = -g \cos\phi$ となる．図 3.9 とは異なり，y 軸方向の運動だけでなく，x 軸方向の運動も等加速度運動である．

(3)　初速度と加速度，および $t = 0$〔s〕での位置がわかっているので，

$$x = (v_0 \cos\theta)t + \frac{1}{2}\left(-g \sin\phi\right)t^2$$

$$y = (v_0 \sin\theta)t + \frac{1}{2}\left(-g \cos\phi\right)t^2$$

となることがわかる．

(4)　斜面にぶつかるのは y 座標がゼロのときである．したがって，y 座標を表す式にゼロを代入すると，

$$0 = (v_0 \sin\theta)t + \frac{1}{2}\left(-g \cos\phi\right)t^2$$

$$= t\left(v_0 \sin\theta - \frac{1}{2}gt \cos\phi\right)$$

となる．したがって，

$$t = \frac{2v_0 \sin\theta}{g \cos\phi}$$

のときに，斜面にぶつかる．

(5)　x 座標を与える式に，求めた時刻を表す式を代入すると

$$(v_0 \cos\theta)\frac{2v_0 \sin\theta}{g \cos\phi} - \frac{1}{2}\left(g \sin\phi\right)\left(\frac{2v_0 \sin\theta}{g \cos\phi}\right)^2$$

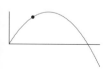

$$= \frac{2v_0{}^2 \sin\theta\cos\theta}{g\cos\phi} - \frac{2v_0{}^2 \sin^2\theta\sin\phi}{g\cos^2\phi}$$

$$= \frac{2v_0{}^2 \sin\theta}{g\cos^2\phi}\left(\cos\theta\cos\phi - \sin\theta\sin\phi\right)$$

のように斜面にぶつかるときの x 座標が求まる．ここで，$\phi = 0$ を代入すると図 3.9 の場合と同じ結果を得ることができる．

3.3　小物体の運動の測定とベクトルによる運動の記述 ──●

　1 次元運動の様子（物体の位置の時間変化）を測定することは，記録タイマーを用いて行うことが，高校物理では詳細に議論されている．しかしながら，2 次元（平面上）あるいは 3 次元（空間中）運動の測定についてはあまり議論されておらず，位置の時間変化が与えられていることを前提として進んでいる．物理学が実験科学であるという観点から，2 次元あるいは 3 次元運動での測定方法を議論する必要があるだろう．そこで，3 次元空間を運動している小物体の位置の仮想的な，しかし実現可能な，測定について考えよう．

　この小物体に，一定の時間間隔 δ で光を照射し，その運動の様子を撮影する．十分遠方から撮影すれば，視差の影響を無視して[注8]，この小物体のある面に対する「影」を δ 毎に記録することができる．この面には，図 3.11 のように，2 つの直交する向きを定めた直線が引かれており，それぞれにはメートル単位の目盛が刻まれている．この 2 本の直線をそれぞれ x 軸および y 軸と呼ぶことにする[注9]．そして，この x 軸と y 軸を用いて測定された「影」の位置を表す数値を x 座標および y 座標と呼ぶこととする．

　同様に，xy 面に垂直で y 軸を含む第 2 の面を考える．この面内に x 軸と直交するもう 1 つの向きを定めた直線を描き，それを z 軸と呼ぶことにする．この z 軸にもやはりメートル単位の目盛が刻まれている．この第 2 の面に対する「影」の位置を同様に測定することによって，z 座標[注10]を得ることができる．これらの x, y, z 座標は，位置を表すという共通の性質をもっているので，ひとまとめにして (x_i, y_i, z_i) と表記すれば便利である[注11]．そして，このひとまとめにしたものを

$$\vec{r}_i = (x_i, y_i, z_i) \tag{3.1}$$

と書き，i 番目の位置ベクトルと呼ぶことにする[注12]．光の発光間隔が一定であるので，i 番目の発光時の「影」ならば，

$$t = \delta i$$

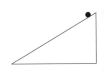

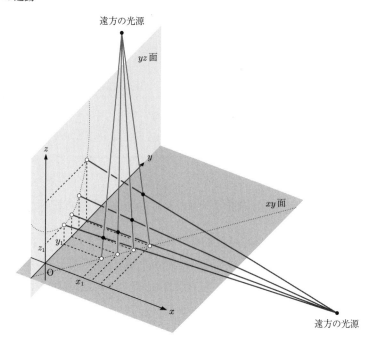

図3.11 小物体（黒丸）の運動とその影（白抜き丸）. x, y, z 座標の求め方.

から時刻がわかる.

　以上のような仮想的な測定により, 表3.1 のように時刻 $t_i = \delta i$ における位置ベクトル $\vec{r}_i = (x_i, y_i, z_i)$ が得られる. ただし, 1 番目の発光時の時刻を δ とすることにしよう. ここでは, 測定に不確かさはないとする. この位置ベクトルも, 高校で学んだ速度と同じ平行四辺形の法則に基づいて和を考えることができることは明らかであろう.

3.4　平均の速度と加速度, 瞬間の速度と加速度

　仮想的な小物体の位置測定から, 小物体の時刻 t_i における平均の速度 $\vec{v}_i$ を次のように定義することは自然であろう [注13, 14].

$$\vec{v}_i = \left(\frac{x_{i+1} - x_i}{\delta}, \ \frac{y_{i+1} - y_i}{\delta}, \ \frac{z_{i+1} - z_i}{\delta} \right)$$
$$= \frac{(x_{i+1} - x_i, \ y_{i+1} - y_i, \ z_{i+1} - z_i)}{\delta} \tag{3.2}$$

したがって, $\vec{v}_i$ [m/s] は位置ベクトルを用いて, $\dfrac{\vec{r}_{i+1} - \vec{r}_i}{\delta}$ と表すこともできる. 同様に, 平均の加速度 $\vec{a}_i$ を

$$\vec{a}_i = \frac{\vec{v}_i - \vec{v}_{i-1}}{\delta} = \frac{\vec{r}_{i+1} - 2\vec{r}_i + \vec{r}_{i-1}}{\delta^2} \tag{3.3}$$

によって定義することも自然である [注15]. これらの式に従えば, 表3.1 のよ

注13　変数の上に棒を引いて, 平均を表すこととする.

注14　各成分に注目すると, 1次元の場合と同じ定義になっている.

注15　$\lim\limits_{\delta \to 0} \dfrac{\vec{v}_i - \vec{v}_{i-1}}{\delta} = \lim\limits_{\delta \to 0} \dfrac{\vec{v}_{i+1} - \vec{v}_i}{\delta}$ である.

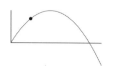

表 3.1　一定時間間隔で測定した $\vec{r} = (x, y, z)$．時間の単位は s，x, y, z の単位は m とする．x と y 軸方向の運動はそれぞれ一定の速度 1.0 m/s と 2.0 m/s であり，加速度は 0.0 m/s^2 である．一方，z 軸方向の運動は等加速度運動で，その加速度は -1.0×10 m/s^2 である．

t	x	$\bar{v}_x$	$\bar{a}_x$	y	$\bar{v}_y$	$\bar{a}_y$	z	$\bar{v}_z$	$\bar{a}_z$
0.00	0.00			0.00			0.00		
		1.0			2.0			4.5	
0.10	0.10		0.0	0.20		0.0	0.45		-1.0×10
		1.0			2.0			3.5	
0.20	0.20		0.0	0.40		0.0	0.80		-1.0×10
		1.0			2.0			2.5	
0.30	0.30		0.0	0.60		0.0	1.05		-1.0×10
		1.0			2.0			1.5	
0.40	0.40		0.0	0.80		0.0	1.20		-1.0×10
		1.0			2.0			0.5	
0.50	0.50		0.0	1.00		0.0	1.25		-1.0×10
		1.0			2.0			-0.5	
0.60	0.60		0.0	1.20		0.0	1.20		-1.0×10
		1.0			2.00			-1.5	
0.70	0.70		0.0	1.40		0.0	1.05		-1.0×10
		1.0			2.0			-2.5	
0.80	0.80		0.0	1.60		0.0	0.80		-1.0×10
		1.0			2.0			-3.5	
0.90	0.90		0.0	1.80		0.0	0.45		-1.0×10
		1.0			2.0			-4.5	
1.00	1.00			2.00			0.00		

うに平均の速度や加速度を求めることができる．

　ここで，$\delta \to 0$ s の極限を考えよう．この場合には，i は使えないので $\delta i \to t$ を使って，ある時刻 t における位置ベクトルという方が適切である．すなわち，

$$\vec{r}(t) = (x(t), y(t), z(t)) \tag{3.4}$$

と書く．瞬間の速度 $\vec{v}(t)$ は，この位置ベクトル $\vec{r}(t)$ を時間 t で微分することによって得られる[注16]．

$$\vec{v}(t) = \frac{d\vec{r}(t)}{dt} = \left(\frac{dx(t)}{dt}, \frac{dy(t)}{dt}, \frac{dz(t)}{dt} \right) \tag{3.5}$$

注16　時間変化を考えることが当然であるから，$\vec{r}(t)$ などの (t) を省略することが多い．

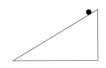

同様に瞬間の加速度 $\vec{a}(t)$ も，

$$\vec{a}(t) = \frac{d\vec{v}(t)}{dt} = \frac{d^2\vec{r}(t)}{dt^2} = \left(\frac{d^2x(t)}{dt^2}, \frac{d^2y(t)}{dt^2}, \frac{d^2z(t)}{dt^2} \right) \tag{3.6}$$

となる．

注17 $\vec{g} = (0, g, 0)$，$\vec{v}_0 = (v_0, 0, 0)$ とすると，$\vec{r} = \vec{v}_0 t + \frac{1}{2}\vec{g}t^2$.

3.2 節の水平投射の場合は[注17]，

$$\vec{v} = (v_0, gt, 0), \qquad \vec{r} = (v_0 t, \frac{1}{2}gt^2, 0)$$

であり，斜方投射の場合は[注18]

注18 $\vec{g} = (0, -g, 0)$．$\vec{v}_0 = (v_0 \cos\theta, v_0 \sin\theta, 0)$ とすると，$\vec{r} = \vec{v}_0 t + \frac{1}{2}\vec{g}t^2$.

$$\vec{v} = (v_0 \cos\theta, v_0 \sin\theta - gt, 0), \qquad \vec{r} = (v_0 t \cos\theta, v_0 t \sin\theta - \frac{1}{2}gt^2, 0)$$

と表すことができる．どちらの場合も，初期速度 $\vec{v}_0$ と $\vec{g}$ を適切に選べば，

$$\vec{v} = \vec{v}_0 + \vec{g}t, \qquad \vec{r} = \vec{v}_0 t + \frac{1}{2}\vec{g}t^2 \tag{3.7}$$

と統一的に表すことができる．鉛直投げ下ろしの場合の

$$v = v_0 + gt, \qquad x = v_0 t + \frac{1}{2}gt^2$$

注19 $t = 0\,\mathrm{s}$ における位置ベクトルが $\vec{r}_0$ の場合は，$\vec{r} = \vec{r}_0 + \vec{v}_0 t + \frac{1}{2}\vec{g}t^2$ とすればよい．

とよく似た形をしており，ベクトル表記の便利さがわかるだろう[注19]．ただし，前節の場合と比較するために，$t = 0\,\mathrm{s}$ における位置ベクトルが原点（$\vec{0}\,\mathrm{m}$[注20]）の場合を考えた．

注20 $\vec{0} = (0, 0, 0)$

3.5 速度の合成と相対運動

図 3.12 のように，物体の位置ベクトルがある座標系において $\vec{r}_1$ で表されることとしよう．この座標系の原点は観測者がいる別の座標系では $\vec{r}_2$ で表される．観測者がいる座標系によって物体の位置ベクトル $\vec{r}$ を表すと，

$$\vec{r} = \vec{r}_1 + \vec{r}_2$$

となる．$\vec{r}$ を時間 t で微分すると

$$\vec{v} = \vec{v}_1 + \vec{v}_2$$

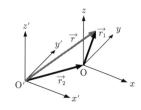

図3.12 相対的に運動する2つの座標系．" ′ " のついた座標系に観測者は静止しており，位置ベクトル $\vec{r}_1$ に観測対象の物体が存在する．2つの座標系の対応する軸は常に平行である場合を考える．

となる．ここで，$\dfrac{d\vec{r}_1}{dt} = \vec{v}_1$ で $\dfrac{d\vec{r}_2}{dt} = \vec{v}_2$ である．この式は，高校物理で学んだ**速度の合成**ができることを意味している．

図 3.13 のように，1 つの座標系の中で物体 A と物体 B が相対的に運動している場合を考える．位置 $\vec{r}_{\mathrm{A}}$ にある物体 A から $\vec{r}_{\mathrm{B}}$ にある物体 B を観測した場合の，A に対する B の相対的な位置 $\vec{r}_{\mathrm{AB}}$ は

$$\vec{r}_{\mathrm{AB}} = \vec{r}_{\mathrm{B}} - \vec{r}_{\mathrm{A}} \tag{3.8}$$

となる．したがって，物体 A に対する物体 B の速度は

$$\vec{v}_{\mathrm{AB}} = \frac{d\vec{r}_{\mathrm{AB}}}{dt} = \frac{d\vec{r}_{\mathrm{B}}}{dt} - \frac{d\vec{r}_{\mathrm{A}}}{dt} = \vec{v}_{\mathrm{B}} - \vec{v}_{\mathrm{A}} \tag{3.9}$$

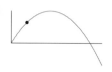

となる．また，加速度も同様に考えて，物体 A に対する物体 B の加速度は

$$\vec{a}_{AB} = \vec{a}_B - \vec{a}_A \tag{3.10}$$

で与えられる．ここで，$\vec{a}_B = \vec{0}$ m/s^2 であっても，$\vec{a}_A \neq \vec{0}$ m/s^2 ならば，$\vec{a}_{AB} \neq \vec{0}$ m/s^2 となり，「見かけ」の加速度が現れる．

具体例として，等速度運動をしている電車の中でボールを落とす場合を考えよう．ボールは電車の中で鉛直に落下する．ところが，加速する電車の中では鉛直に落ちるだけでなく，電車の加速方向と逆方向にも動くように見える．

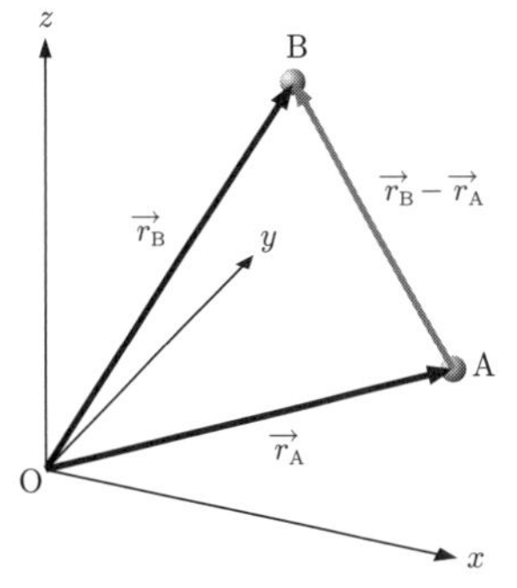

図 3.13　相対的に運動する物体 B と観測者 A の相対位置．

例題 3.7　図 3.14 の場合にボールの運動を具体的に考えよう．重力加速度の大きさを 9.8 m/s^2 とする．

(1)　電車が 2.0 m/s^2 で加速中に，床から 2.0 m の高さからボールを落とした場合に落下する地点は真下からどれだけ後方にずれるだろうか？

(2)　電車が急ブレーキをかけた．その時の加速度は -5.0 m/s^2 とする．急ブレーキを掛けた瞬間にボールを床から 1 m の高さから落とすとボールが落下する地点は真下からどれだけ前方にずれるだろうか．

解　(1)　ボールが床に落ちるまでの時間は $\frac{1}{2}gt^2 = 2.0$ m より，$t = 6.4 \times 10^{-1}$ s である．ボールの見かけの水平方向の加速度は -2.0 m/s^2 であるから，$\frac{1}{2}2.0t^2 = 4.1 \times 10^{-1}$ m となる．

(2)　別の考え方をしてみよう．ボールの鉛直方向の運動も電車の進行方向の運動も加速度運動であり初速度はゼロなので，移動距離はどちらも運動を行っている時間の 2 乗に比例する．落下時間を t とすると，鉛直方向の距離は $\frac{1}{2}9.8t^2$ で，これは 1.0 m である．一方，前方へのズレは $\frac{1}{2}5.0t^2$ で，これはボールが落下する高さに鉛直方向と電車の進行方向の加速度の比を掛けて，$1.0 \times \frac{5.0}{9.8} = 5.1 \times 10^{-1}$ m と求めることもできる．

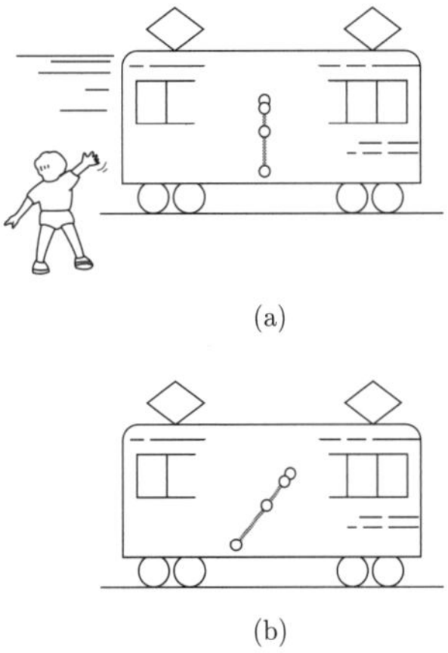

図 3.14　加速中の電車の中のボールの落下．(a) 電車の外から見た場合，(b) 電車の中から見た場合．

3.6　単位ベクトル

ベクトル (1, 0, 0), (0, 1, 0), (0, 0, 1) をそれぞれ x, y, z 方向の単位ベクトルと呼ぶ．多くの教科書では，それらを記号 $\vec{i}, \vec{j}, \vec{k}$ によって表す[注21]．この

注 21　$\vec{e}_1, \vec{e}_2, \vec{e}_3$ と表すこともある．

$\vec{i}, \vec{j}, \vec{k}$ を用いると,

$$\vec{r} = (x, y, z) = x\,\vec{i} + y\,\vec{j} + z\,\vec{k} \tag{3.11}$$

と書くことができる.

　本書では, ベクトル $\vec{r}$ の成分を表示する必要がある場合は, (x, y, z) のように表記し, $\vec{i}, \vec{j}, \vec{k}$ は用いない. なぜならば, 等価な, しかし, 異なった表現は混乱を招くおそれがあるからである.

3.7　3 次元空間中の有向線分

　3 次元空間中に原点を始点とする矢印（有向線分）すべての集合を考えよう. この集合の要素に, 以下のようにして定義される和[注22]と積（ある実数 α の α 倍）を考えれば, ベクトルになる[注23].

　有向線分 $\vec{r}_1$ と $\vec{r}_2$ が与えられたとき, その 2 つの有向線分から図 3.15 のように平行四辺形を作ることができる. この平行四辺形の 4 番目の頂点への有向線分を $\vec{r}_1 + \vec{r}_2$ と定義する.

　有向線分 $\vec{r}$ とある実数 α が与えられたとき, 有向線分 $\vec{r}$ の α 倍を $\alpha\vec{r}$ と書くことにして, $\alpha > 0$ の場合は向きを変えずに有向線分の長さを α 倍にし, $\alpha < 0$ の場合は向きを逆向きにして有向線分の長さを $|\alpha|$ 倍にすることにする（図 3.16）.

　$\alpha = 0$ の場合は特別である. 有向線分を 0 倍するとは有向線分の長さをゼロにすることと定義し, その結果を $\vec{0}$ と書く.

　上の和と積の定義から有向線分は以下の性質を満たす.

- 加法の結合則：$\vec{r}_1 + (\vec{r}_2 + \vec{r}_3) = (\vec{r}_1 + \vec{r}_2) + \vec{r}_3$
- 加法の可換則：$\vec{r}_1 + \vec{r}_2 = \vec{r}_2 + \vec{r}_1$
- 加法の単位元の存在：$\vec{r} + \vec{0} = \vec{r}$
- 加法の逆元の存在：$\vec{r} + (-\vec{r}) = \vec{0}$
- 分配則 1：$\alpha(\vec{r}_1 + \vec{r}_2) = \alpha\vec{r}_1 + \alpha\vec{r}_2$
- 分配則 2：$(\alpha + \beta)\vec{r} = \alpha\vec{r} + \beta\vec{r}$
- 積の結合則：$\alpha(\beta\vec{r}) = (\alpha\beta)\vec{r}$
- 積の単位元の存在：$1\vec{r} = \vec{r}$

これらの条件を満たすとベクトルと呼ぶことができる.

注 22　「和」と呼ぶ 2 項演算を定義する.

注 23　ベクトルとは, 以下に述べる演算規則に対して閉じた集合（集合の要素を演算した結果が, やはりその集合の要素になる）のことである.

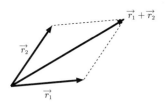

図 3.15　ベクトル合成の平行四辺形法則. 3 点を決めれば平面が決まるので, 2 つのベクトルによって平面が決まり, 平行四辺形の 4 番目の頂点も同じ平面上にある.

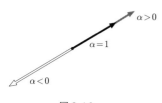

図 3.16

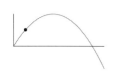

3.8 ベクトルとしての順序をもった数の組♠ ────────●

　順序を考慮した数の組を考える．具体的に考えるために，3つの数の組 (x, y, z) を考えよう．和と積（ある実数 α の α 倍）を以下のように定義する．

　2つの数の組 (x_1, y_1, z_1) と (x_2, y_2, z_2) が与えられたとき，その2つの和を $(x_1 + x_2, y_1 + y_2, z_1 + z_2)$ とする．また，順序をもった数の組 (x, y, z) とある実数 α が与えられたとき，順序をもった数の組 (x, y, z) の α 倍 $\alpha(x, y, z)$ を $(\alpha x, \alpha y, \alpha z)$ と定義する．特に，$\alpha = 0$ の場合は $\alpha(x, y, z) = (0, 0, 0)$ とする．

　上のように，和と積を定義すれば，(x, y, z) もベクトルとしての性質を満たすことが簡単にわかる．

　位置ベクトル $\vec{r}$（有向線分）とその位置ベクトルの座標による分解（順序をもった数の組）は，その作り方から一対一に対応することは明らかである．さらに，上のように和と積という演算を定義した場合，どちらもベクトルとなることがわかった．したがって，位置ベクトル $\vec{r}$ とそれに対応した (x, y, z) を同一視することができる．

章末問題

問題 3.1$^\heartsuit$ 静水の場合に速さ $5.0\,\mathrm{m/s}$ で進む船が，距離 $1.0\times10^2\,\mathrm{m}$ だけ離れた地点 A（川上）と B（川下）を往復する．川の流れは $1.0\,\mathrm{m/s}$ である．また，岸を散歩する人がいて，川上に向かって速さ $1.0\,\mathrm{m/s}$ で歩いている．以下の問に答えよ．川を下る向きを速度ベクトルの正の向きとする．

(1) 地点 A から地点 B まで進むとき，岸から見た船の速度はいくらか．

(2) 地点 A から地点 B まで進むのに要する時間はいくらか．

(3) 船が地点 A から地点 B まで進んでいるときに，散歩している人が船を見ると，船はどれぐらいの速度で動いているように見えるか．

(4) 地点 B から地点 A まで進むとき，岸から見た船の速度はいくらか．

(5) 地点 B から地点 A まで進むのに要する時間はいくらか．

(6) 船が地点 B から地点 A まで進んでいるときに，散歩している人が船を見ると，船はどれぐらいの速度で動いているように見えるか．

問題 3.2$^\heartsuit$ 秒速 $2.50\times10\,\mathrm{m/s}$ で直進している電車がある．電車の進む向きを x 軸の正の向きとする．電車の進む向きに直交するように道路があり，そこを $1.00\times10^1\,\mathrm{m/s}$ で自動車が走っている．自動車の走る向きを y 軸の正の向きとする．また，雨が降っていてその雨粒の速さは鉛直下向きに $2.0\times10^0\,\mathrm{m/s}$ である．鉛直上向きを z 軸の正の向きとする．以下の問に答えよ．

(1) 地上に固定した座標系から見た電車，自動車，雨粒の速度ベクトルはいくらか．

(2) 電車から見た自動車の速度ベクトルを求めよ．

(3) 電車から見た雨粒の速度ベクトルを求めよ．

(4) 自動車から見た雨粒の速度ベクトルを求めよ．

問題 3.3$^\heartsuit$ 一定の速度 $4.4\,\mathrm{m/s}$ で上昇する気球のゴンドラから斜め上向きにボールを投げた．ボールの水平方向の速さは十分大きくて，気球とはぶつからないものとする．以下では，気球とボールの鉛直方向の動きのみを考察する．ボールは $4.0\,\mathrm{s}$ 後に気球とすれ違った．重力加速度の大きさを $9.8\,\mathrm{m/s^2}$ とする．

(1) 地上から見たボールの鉛直方向の初速度 v_0 を求めよ．

(2) すれ違うときに気球に乗った人が見るボールの速度を求めよ．

(3) ボールは気球とすれ違ってから $2.0\,\mathrm{s}$ 後に地面に落ちた．ボールを投

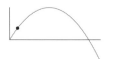

げたときの気球の高さを求めよ.

問題 3.4$^\heartsuit$　時速 1.60×10^2 km/h[注24] の速球を投げることができる投手がいるとしよう. 重力加速度の大きさを 9.8 m/s^2 とする.

(1)　時速 1.60×10^2 km/h のボールを水平に投げた. ホームプレートに到達するまでに落ちる高さを求めよ. ただし, ピッチャーとホームプレート間の距離を 18.44 m とする.

(2)　この投手が遠投した. ボールが到達する距離の最大値はいくらか?

問題 3.5$^\heartsuit$　地面から高さ h にある標的に向かって, 水平方向に L だけ離れた地面のある点 (原点 O とする) から小球を斜めに投げ上げる. 小球の初速度の大きさを v_0 とし, 地面 (水平面) からの投げ上げの角度は θ_0 と固定する. 重力加速度の大きさを g とする.

(1)　小球が標的に当たったとしよう. v_0 はいくらか?

(2)　小球が標的に当たるため, θ_0 が満たす条件は何か?

問題 3.6$^\heartsuit$　図 3.17 のように, 高さ 4.9×10^2 m の高さを時速 9.0×10 km/h で水平飛行している飛行機から小球を落として, 飛行機の進行方向の地表にある点 P に命中させたい. 重力加速度の大きさを 9.8 m/s^2 として, 以下の問に答えよ. ただし, 空気抵抗は無視できるものとする.

(1)　小球が地表に落下するまでの時間を求めよ.

(2)　小球が落下する間に飛行機が飛ぶ距離を求めよ.

(3)　小球を, 飛行機が点 P を通過する何 m 手前で落とせばよいか?

(4)　飛行機から見ると, 小球の運動はどのように見えるか?

(5)　小球が地表に落ちるときの速度の大きさを求めよ.

問題 3.7$^\heartsuit$　図 3.18 のように, ある高さに置かれた小球 P に向けて, 時刻 $t = 0$ s に別の小球 Q を水平面上から初速度の大きさ v_0 で投げ出した. その瞬間に小球 P も自由落下を始めた. t_0 後に小球 P と Q は水平面より上で衝突した.

小球 Q の初速度と水平面の間の角度を θ, 小球間の距離を L とする. 小球 Q を投げ出す前の小球 Q の位置を座標の原点とし, 小球 P から水平面に下ろした垂線の足と原点を結ぶ直線上に x 座標をとり, 鉛直上向きを y 軸の正の向きとする. また, 重力加速度の大きさを g として, 以下の問に答えよ.

(1)　小球 P の自由落下する前の位置座標を求めよ.

(2)　t_0 を求めよ.

(3)　時刻 t_0 での小球 P と Q の位置座標を求めて, 小球 P と Q が衝突することを確認せよ.

注 24　日常的には, 「時速 10 キロ」のように 1 時間の間に移動する距離 (ここでは 10 キロ・メートル) を示すことによって, 速さを表すことが多い. しかしながら, 本書では, 時速を「速さ」の特別なものと解釈し, 時速の単位には「長さの単位 (km)/時間の単位 (h)」を用いる.

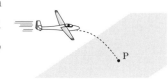

図 3.17

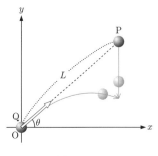

図 3.18

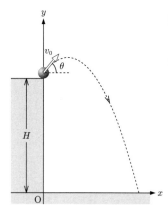

図 3.19　ビルの屋上からの斜方
投射.

問題 3.8　高さ H のビルの屋上から，質量 m の物体を水平方向と角度 θ を
なす向きに初速度の大きさ v_0 で投げ上げた．重力加速度の大きさを g とし，
投げ上げた瞬間を時刻 $0\,\mathrm{s}$ とする.

(1)　図 3.19 のように x, y 軸，および原点 O をとるとき，時刻 t における
物体の速度 $v(t)$ を求めよ.

(2)　積分して位置座標を求めよ.

(3)　物体が最高点に達する時刻，およびその高さを求めよ.

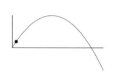

◆──── 教育に実験は必要か？ ────◆

　本文では，（学生）実験について触れることはできなかったので，コラムにおいて
その意義を述べたいと思う．

　実験では，必ずしも理論通りの結果は得られないので注25，理科教育を行う上で
有害であるという「ある意味極端な意見」を述べる人もいる．このような意見は，

> 机上の勉強では単純化して無視できたことが，実験では無視できなく
> なり，本質的な理解が難しくなる

という観点からは一理あるかもしれない．

　そこで，学生実験は必要であるという主張を行うために，著者が共訳した本を紹介
する．D.C.ベイアード，『実験法入門 ── 実験と理論の橋渡し』（ピアソンエデュケー
ション，2004）注26 である．この本の中で，著者は

> 「実験の目的」は「実験指導書に従って，実験を行い，重力加速度な
> どの既知の物理定数を求める」──極論すると模倣を行う──ことではな
> く，「目的を設定し，そのための計画を立案し，実行できる」──創造
> 的に自らを律する── ように訓練を行うことである．

と述べている．また，

> 実際の現象を示す自然（の一部，この本ではシステムと呼んでいる）
> を説明するためのモデルを作ることが

理論を構築することであり，実験は

> 完全ではありえないモデルが，ある精度の範囲内で目的に合致するも
> のかどうかをチェックする注27

ことであると述べている．このような実験に対する見方は物理学が実験科学であると
いうことを意味している．本書で扱ったニュートン力学も，相対性理論も，また量子
力学もみな，それぞれの適用可能な範囲で有用なモデルであり，それらは実験によっ
て検証されてきた．

◆────────────────────────◆

注25　「なめらかな」水平面を滑
らせた物体も，いつかは止まっ
てしまう．

注26　残念ながら絶版になって
いる．

注27　ニュートン力学は，アポ
ロ計画で人間を月に送り込むと
いう目的に合致した理論であっ
た．GPS で位置情報を得るため
には，相対性理論に基づく計算
が必要である．

4

様々な力とそのはたらき

日常の物を支える際の筋肉の感覚から，直感的に力という物理量が存在することは明らかであろう．ここでは，様々な力について議論した上で，物体間の力について議論する．

4.1 様々な力♡ ────────────●

図 4.1 力の作用点と作用線.

力は，**運動状態を変える**（ラケットでボールをはね返す），**物体を変形する**（ばねを伸ばす），また**物体を支える**（りんごを手で持つ）作用のことである．力は大きさと向きをもつベクトルであり，記号では $\vec{F}$ と表すことが多い．力を指定するためには，力が作用する点（**作用点**）を決める必要がある．また，作用点を通り力の方向に描いた直線を**作用線**という．力の大きさの単位は**ニュートン**（記号 N）である．1 N はおよそ 0.1 kg の物体を手で持ったときの支える力に等しい[注1]．

注1 地球上で 1 kg の物体にはたらく重力の大きさを 1 キログラム重（1 kgW）といい，この単位を用いて力を表すこともある．

力は大きく 2 種類に分けることができる．1 つはお互いに接触した物体間にはたらく力（**近接力**）で，もう 1 つは接触していない物体からはたらく力（**遠隔力**）である．遠隔力の例は，

- 重力（図 4.2）

  地球上のすべての物体には，地球から鉛直下向きに**重力**がはたらく．物体にはたらく重力（**重さ**）はその物体固有の量である**質量**に比例する．質量 m〔kg〕の物体にはたらく重力の大きさ W〔N〕は重力加速度の大きさを g〔m/s^2〕とすれば，

$$W = mg$$

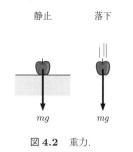

図 4.2 重力.

と表される．g の値は地球上で場所毎に異なっているが，ほぼ $9.8\,\mathrm{m/s^2}$ である．組み立て単位 N は，基本単位の組み合わせで表すと kg·m/s^2 である．

- 万有引力（図 4.3）

  質量をもつ物体はお互いに引力を及ぼし合っている．この力のことを**万有引力**という．重力は地球と地球上の物体との万有引力である．

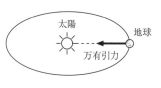

図 4.3 万有引力.

図 4.4 静電気力.

図 4.5 磁石の引力によって, クリップが持ち上げられている.

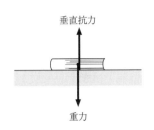

図 4.6 垂直抗力.

- 静電気力 (図 4.4)

  冬にプラスチックの下敷きをこすって髪の毛を逆立てることができるのは, 摩擦によって生じた静電気による力が髪の毛と下敷きの間にはたらくからである. このように静電気によって生じる力を**静電気力**という.

- **磁気力** (図 4.5)

  磁石間や電流間にはたらく遠隔力を**磁気力**という.

である. 一方, 近接力の例は

- 垂直抗力 (図 4.6)

  机の上に置かれた本は, 重力が作用しているのにも関わらず, 机をつきぬけて落ちることはない. これは, 机が重力と同じだけの力で本を上向きに押しているからである. このように, 接触する面に垂直にはたらく力を**垂直抗力**という.

- 摩擦力 (図 4.7)

  机の上に置かれた本を押しても, 押す力が小さいときは本は動かない. これは, 本を押す力と同じ大きさで反対向きの力が机からはたらいているからである. このように接触する面と平行な方向にはたらき, 物体が動き出すことを妨げるような力を**静止摩擦力**という. 摩擦のある面を粗い面, ない面をなめらかな面という. 押す力が大きくなって, 本が動き出しても机からは物体の運動を妨げる力がはたらいている. このような運動している物体に対する力を**動摩擦力**という.

- 糸の張力 (図 4.8)

  糸におもりをつるすと, 糸はおもりを重力と逆向きに引いて静止させる. このように, 糸が物体を引く力を糸の**張力**という. 糸の張力は糸の張る方向にはたらく.

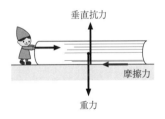

図 4.7 摩擦力. 机の上で本を押しているけれど動いていない. 摩擦力がはたらいている.

図 4.8 糸の張力.

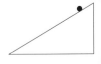

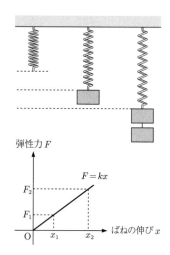

弾性力 F

図 4.9 ばねの伸びと弾性力の関係.

注 2 ゴムも弾性を示すが, わずかな変形でもフックの法則が成り立たなくなる. ばねは, 特に大きな変形でもフックの法則が成り立つように工夫したものである.

注 3 向きも含めて考えると $F = -kx$ となる.

- ばねの弾性力（図 4.9）

ばねに物体をつるすと, ばねは伸びる. ばねは自然な長さに戻ろうとして, 物体に力を及ぼす. ばねはもとの長さに戻ろうとする性質があり, その性質のことを**弾性**という. また, ばねが物体に及ぼす力を弾性力という.

ばねの伸びがあまり大きくないときは[注2], ばねの伸び x〔m〕と弾性力 F〔N〕は比例する.

$$F = kx \quad [注3]$$

これを**フックの法則**という. 比例定数 k〔N/m〕を**ばね定数**という.

4.2   力の合成♡

力はベクトルであり, 2 つ以上の力の合成や分解が可能である. 合成した力を**合力**, 分解したそれぞれの力を**分力**という. 特に, 直交した座標軸を考えて分解した分力を力の**成分**という.

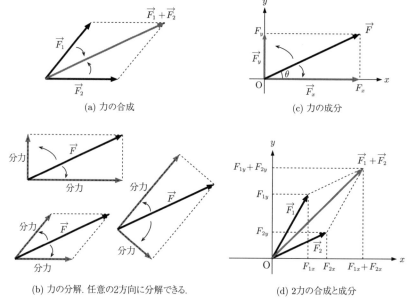

(a) 力の合成

(c) 力の成分

(b) 力の分解. 任意の2方向に分解できる.

(d) 2力の合成と成分

図 4.10 力の合成, 分解, 成分の図.

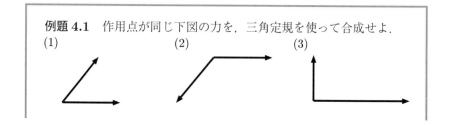

例題 4.1 作用点が同じ下図の力を, 三角定規を使って合成せよ.
(1)   (2)   (3)

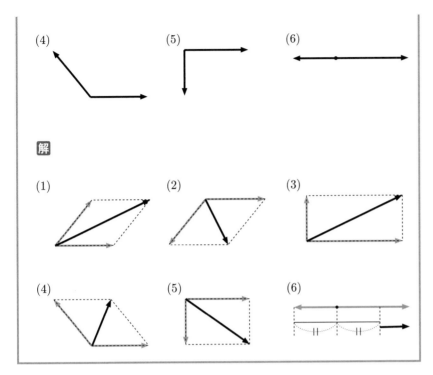

例題 4.2 定規を使って，実線と点線の方向の力に分解せよ.

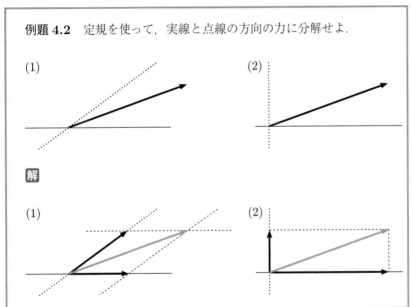

物体に力がはたらいていても静止しているとき，その物体にはたらく**力は つりあっている**といい，物体は**つりあいの状態**にあるという．2力 $\vec{F_1}$〔N〕 と $\vec{F_2}$〔N〕がつりあっているとき，2つの力は同一作用線上にあり，お互い に逆向きで大きさは等しい (図4.11). 式で表すと，

$$\vec{F_1} = -\vec{F_2}$$

図4.11 つりあう2力.

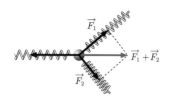

図 4.12　つりあう 3 力.

注 4　成分で書くと,
$$F_{1x} + F_{2x} + F_{3x} = 0\,\mathrm{N},$$
$$F_{1y} + F_{2y} + F_{3y} = 0\,\mathrm{N},$$
$$F_{1z} + F_{2z} + F_{3z} = 0\,\mathrm{N}$$
となる.

図 4.13　作用・反作用の法則.

注 5　物体 A から物体 B にはたらく力を $\vec{F}$ とすると, 物体 B から物体 A にはたらく力は $-\vec{F}$ となる.

注 6　A (主語) が B (目的語) に及ぼす力 (作用) に対する反作用を求めるには, 主語と目的語を逆転させて考える.

　(a) つりあい　(b) 作用・反作用

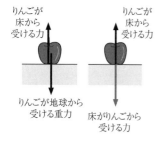

りんごが床から受ける力　　りんごが床から受ける力

りんごが地球から受ける重力　　床がりんごから受ける力

図 4.14　作用・反作用の 2 力とつりあっている 2 力の違い.

である.

　3 力の場合には, まず $\vec{F_1}$ と $\vec{F_2}$ の合力を考え, それが 3 番目の力 $\vec{F_3}$ 〔N〕とつりあうと考えれば
$$\vec{F_1} + \vec{F_2} = -\vec{F_3}$$
が成り立つことがわかる. この式は
$$\vec{F_1} + \vec{F_2} + \vec{F_3} = \vec{0}\,\mathrm{N} \quad \text{注 4}$$
と等価である. つりあっている力の数が増えてもこの関係は変わらず,
$$\vec{F_1} + \vec{F_2} + \cdots + \vec{F_n} = \vec{0}\,\mathrm{N}$$
であれば, 力はつりあっている.

　図 4.13 のようにスケート靴をはいた小人 A と B がいて, A が B を押したとしよう. B は押された向きに動き始めると同時に A も B とは逆向きに動き始める. A は B に押し返されたのである.

　このように力は 1 つの物体に一方的にはたらくことはなく, 常に物体間で及ぼしあう. このときの力の一方を**作用**といい, もう一方を**反作用**という. この作用・反作用の関係は

　　　物体 A から物体 B に力がはたらくとき, 物体 B から物体 A に
　　も同一作用線上で逆向きに同じ大きさの力がはたらく [注 5].

という**作用・反作用の法則**にまとめられる. このことは, 図 4.11 のような台車をばねばかりで引き合う場合からもわかる. 作用・反作用の法則は近接力だけでなく遠隔力の場合にも成り立つ [注 6]. また, 物体の運動状態に依存せず成り立つ法則である.

　「作用・反作用の関係にある 2 力」と「つりあっている 2 力」は混乱しがちである. 区別するには, 作用・反作用はそれぞれが異なった物体に作用する力であるのに対して, つりあっている力は 1 つの物体に作用している力であることに着目すればよい.

例題 4.3　以下の力の反作用を求めよ.

(1)　机の上に載っているりんごにかかる重力

(2)　机の上に載っているりんごが机を押す力

(3)　太陽が地球を引きつける万有引力

(4)　磁石が鉄を引きつける力

(5)　方位磁石の針を北に向けようとする力

解　(1)　りんごが地球を引きつける万有引力

(2) 机がりんごを押す力（りんごに作用する机の垂直抗力）

(3) 地球が太陽を引きつける万有引力

(4) 鉄が磁石を引きつける力

(5) 方位磁石が地球の磁極の向きを変えようとする力

4.3 力の測定の難しさ

　力を精密に測定することは難しい．別のいい方をすれば，「力を定量的に測定する」方法を説明することは簡単ではない．ばねばかりで測定すれば良いと考えるかもしれないが，ばねばかりは「ばねの伸びとばねに作用する力が比例する」ことを前提としている．この前提はどのように確かめれば良いのだろうか[注7]？

　ばねばかりに限らず，いわゆる力を測定する装置は

合力がゼロならば，静止していた物体はそのまま静止し続ける

ということを原理としている．ある力が物体に作用しているのに，この物体が静止しているならば，この物体には別の力が作用していなければならない．すなわち，あらかじめなんらかの方法で測定対象となる力とつりあう力を測定しておく必要がある．

　この章で様々な力を議論した際に，ある1つの基準となる力との比較を行うことによって，万有引力以外の様々な力が存在することを示した．その力とは何だろうか？　それは[注8]**重力**であった．物体に重力がはたらいている環境のもとで，その物体に別の力を作用させた上で，その物体を静止させる．このようにすれば，別の力は重力と同じ大きさかつ逆向きであることがわかる．

　しかしながら，重力は力の基準としては非常に不確かなものである．重力は地球上で場所毎に異なっているので[注9]，どの場所の重力を基準にすれば良いかを誰もが納得できるように決めることは困難である．いいかえると力の単位が決まらないということであり，力の単位が決まらなければすべてが不確かになる．

　力のモーメントについては，回転運動を議論する際に再び触れる．

注7　測定できなければ，物理学で取り扱うことはできない．

注8　重力は，万有引力そのものであるので，万有引力との比較の基準には成り得ない．

注9　地球は自転しているので，遠心力のために緯度によって重力加速度の大きさが異なる．赤道の方が0.5 %程度南極と北極より小さい．その他，地下の岩石の密度の違いによって，±0.03 %程度の変化がある．

章末問題

問題 4.1♡　地球上で，以下の物体にはたらいている力を列挙せよ．また，物体は静止しているものとして，つりあっている力の組み合わせを書け．

(1)　なめらかな水平面上に置かれた物体

(2)　粗い水平面上に置かれた物体

(3)　横から手で押されている粗い水平面上に置かれた物体

(4)　粗い傾いた面上に置かれた物体

(5)　ばねにつり下げられた物体

問題 4.2♡　以下の力の反作用をもとめよ．

(1)　テーブル上にある本がテーブルを押す力

(2)　地球が月を引きつける万有引力

(3)　ボールが壁に当たったときに壁から受ける力

(4)　振り子のおもりを糸が引っ張る力

(5)　ばねにつり下げられた物体をばねが引く力

問題 4.3♡　ばね定数 $k = 1.00 \times 10^4 \, \mathrm{N/m}$ のばねがある．以下の場合の実効的なばね定数を求めよ．

(1)　2 本のばねを直列につないで，全体を 1 つのばねと考えた場合

(2)　2 本のばねを並列につないで，全体を 1 つのばねと考えた場合

(3)　ばねを半分に切った場合

問題 4.4♡　作用点が同じ下図の力を，三角定規を使って合成せよ．

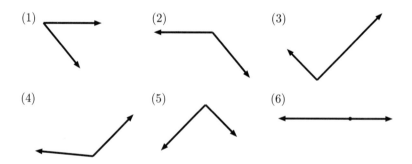

問題 4.5♡　以下の力のベクトルの合成を行え．ただし，$\vec{F}_1 = (1, 0, 0) \, \mathrm{N}$，$\vec{F}_2 = (0, 2, 0) \, \mathrm{N}$，$\vec{F}_3 = (0, 0, 3) \, \mathrm{N}$ である．

(1)　$\vec{F}_1 + \vec{F}_2$

(2)　$\vec{F}_2 + \vec{F}_3$

(3)　$\vec{F}_3 + \vec{F}_1$

(4)　$\vec{F}_1 + \vec{F}_2 + \vec{F}_3$

(5)　$\vec{F}_1 - \vec{F}_2$

(6)　$-\vec{F}_2 + \vec{F}_3$

(7)　$-\vec{F}_3 - \vec{F}_1$

(8)　$\vec{F}_1 - \vec{F}_2 + \vec{F}_3$

問題 4.6$^{\heartsuit}$　与えられたベクトル $\vec{F}$ を，与えられた方向に分解せよ．すなわち，

$$\vec{F} = a_1 \vec{f}_1 + a_2 \vec{f}_2 + a_3 \vec{f}_3$$

となるように，a_1, a_2, a_3 を求める．ただし，$\vec{f}_1, \vec{f}_2, \vec{f}_3$ は方向を定める大きさ 1 のベクトルである．

(1)　力 $\vec{F} = (1, 2, 3)$ N を $\vec{f}_1 = (1, 0, 0)$，$\vec{f}_2 = (0, 1, 0)$，$\vec{f}_3 = (0, 0, 1)$ 方向の 3 つの力に分解せよ．

(2)　力 $\vec{F} = (1, 2, 3)$ N を $\vec{f}_1 = \dfrac{1}{\sqrt{2}}(1, 1, 0)$，$\vec{f}_2 = \dfrac{1}{\sqrt{2}}(1, -1, 0)$，$\vec{f}_3 = (0, 0, 1)$ 方向の 3 つの力に分解せよ．

(3)　力 $\vec{F} = (1, -2, 3)$ N を $\vec{f}_1 = \dfrac{1}{\sqrt{2}}(1, 1, 0)$，$\vec{f}_2 = \dfrac{1}{\sqrt{2}}(1, -1, 0)$，$\vec{f}_3 = (0, 0, 1)$ 方向の 3 つの力に分解せよ．

問題 4.7$^{\heartsuit}$　以下の力のベクトルの向きを表す単位ベクトルを求めよ[注10]．ただし，$\vec{F}_1 = (1, 1, 1)$ N, $\vec{F}_2 = (1, 2, 3)$ N, $\vec{F}_3 = (0, 0, 3)$ N である．

[注10] あるベクトル $\vec{a}$ に平行で大きさ 1 のベクトルは，$\dfrac{\vec{a}}{|\vec{a}|}$ である．

(1)　$\vec{F}_1$

(2)　$\vec{F}_2$

(3)　$\vec{F}_3$

問題 4.8$^{\heartsuit}$　図 4.15 のような装置を考える．台の上に乗った小人がひもを引く．小人がひもを引く力の大きさを T，地面が台を押す力の大きさを R，小人が台を押す力の大きさを N とする．小人にはたらく重力の大きさを 500 N，台にはたらく重力の大きさを 200 N とする．

(1)　台の上に乗った小人にはたらく力のつりあいを表す式を作れ．

(2)　台にはたらく力のつりあいを表す式を作れ．

(3)　R と T の関係を求めよ．

(4)　T を大きくすると，台は地面から離れる．そのような最小の T の大きさを求めよ．

図 4.15 台の上に乗った小人がひもを引っ張ると，台が地面から離れる．

◆──────── 生意気であれ，大胆であれ ────────◆

注 11　ヘリウム 3 は質量数 3，原子番号 2 の原子であり，常圧では絶対零度まで液体の特異な物質である．

注 12　液体ヘリウム 3 を圧縮して固体にすることによって，温度を下げる装置．

　以下の話は，又聞きの又聞きなので，その正しさは保証できないことを前もって白状しておく．ただし，ありそうな話である．著者の創作だと思って読んでも良い．

　1996 年に超流動ヘリウム 3[注 11] の発見でノーベル賞を受賞したオシェロフの逸話である．1971 年当時，オシェロフはコーネル大学の大学院生でポメランチェック冷却装置[注 12] を使って，液体ヘリウム 3 を冷却する実験を行っていた．一定の割合で体積を減らして，液体から固体に変化させて圧力の時間変化を測定していたところ，2 箇所の圧力でわずかだが奇妙な振る舞いを発見した．研究室のミーティングで，その発見を指導教員であったリーとリチャードソンに報告したところ，わずかだから測定上のミスではないのかとコメントされた．ところが，オシェロフは測定上のミスではありえないと「生意気に」主張したそうである．ただし，この「生意気さ」には，ちゃんと裏づけがあったことに読者は注意して欲しい．なぜなら，オシェロフは，装置の設計から製作，そして実験まですべて自ら行っており，測定上犯し得るミスはどの程度のものかわかっており，発見した奇妙な振る舞いはミスでは説明できないという絶対的な自信があったためである．

　さて，この「生意気さ」のおかげで，この発見は闇に埋もれることなく論文として発表されたのだが，その解釈は「固体ヘリウム 3 における新しい相の発見」という正しくないものであったことをつけ加えておこう[1]．もっとも，オシェロフはすぐに追加の実験を行い，奇妙な振る舞いが超流動に起因するものであることを確認している．

注 13　核断熱消磁装置を作る．

　超流動ヘリウム 3 の発見にまつわるエピソードをもう 1 つ書いておこう．これは，著者が直接聞いた話である．1971 年当時，コーネル大学と共に低温物理学の研究が活発に行われていたのはフィンランドのヘルシンキ工科大学（現アールト大学）であった．そこでも，ポメランチェック冷却装置を使ってオシェロフと同様な実験を行うことが可能ではあった．しかしながら，ヘルシンキ工科大学のルーナスマはより確実に温度を下げる研究[注 13] を優先することにした．残念ながら，彼がこの分野においてノーベル賞を受賞することは叶わなかった．その後，著者がヘルシンキ工科大学で博士研究員（ポスト・ドクター）をしていたとき，ルーナスマは

　　　　もっと大胆に行動して，ポメランチェック冷却の実験をしていれば
　　　　ノーベル賞をとることができたかもしれない，残念なことをした

と語ってくれた．

参考文献

[1]　D. D. Osheroff, R. C. Richardson, and D. M. Lee, "Evidence for a New Phase of Solid He^3", *Phys. Rev. Lett.* **28** (1972) 885.
この論文は
https://journals.aps.org/prl/abstract/10.1103/PhysRevLett.28.885
から自由にダウンロードできる．この論文の FIG.2 を参照のこと．わずかな異常が示されている．

◆────────────────────────────────◆

5

運動の法則

17 世紀に活躍したニュートンは物体の運動に関する 3 法則を提唱し，それをもとに力学の体系をつくりあげた．

5.1　ニュートンの運動の法則 ♡ ————————————●

ニュートンの運動の 3 法則は以下の通りである．

- 第 1 法則（慣性の法則）

    物体は [注 1]，力が作用しない場合（合力がゼロの場合を含む），静止状態を維持する，あるいは等速直線運動を行う．

    物体にはそのときの運動状態を保ち続けようとする性質があり，これを物体の**慣性**という．

- 第 2 法則（ニュートンの運動方程式）．

    物体の加速度 $\vec{a}$〔m/s^2〕は，そのとき物体に作用する力 $\vec{F}$〔N〕に比例し，質点の質量 m〔kg〕に反比例する [注 2]．

$$\vec{F} = m\,\vec{a} \tag{5.1}$$

    この式を運動方程式という．

    1 N の力は，質量 1 kg の物体に 1 m/s^2 の加速度を生じさせる力である [注 3]．

- 第 3 法則（作用・反作用の法則）

    2 つの物体 1, 2 の間に相互に力がはたらくとき，物体 2 から物体 1 に作用する力 $\vec{F}_{21}$〔N〕と，物体 1 から物体 2 に作用する力 $\vec{F}_{12}$〔N〕は，大きさが等しく，逆向きである．すなわち，

$$\vec{F}_{21} = -\vec{F}_{12} \tag{5.2}$$

    である．

    前章で議論したが，ニュートンの運動の 3 法則をまとめて提示するために再掲した．

注 1　大学の物理を考える場合には，物体を質点におきかえる．

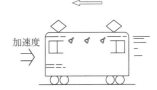

(a) 急停車

(b) だるま落とし

図 5.1　だるま落とし．

注 2　位置ベクトル $\vec{r}$ を用いると，$\vec{F} = m\dfrac{d^2\vec{r}}{dt^2}$．

注 3　力の単位を曖昧さなしに定義できる．

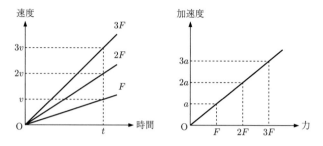

(a) 加える力が大きいほど加速度が大きい

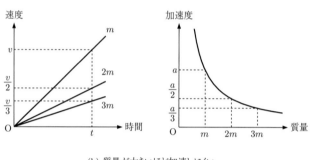

(b) 質量が大きいほど加速しにくい

図 **5.2**　直線上を力を受けて運動する物体（質点）を考える.

例題 5.1　慣性の法則を実感できる例を挙げよ.

解　例えば，以下のようなもの.

- 車が急カーブする際に，カーブする方向と反対向きに力を感じる.
- 隠し芸などで行うテーブルクロス引き（テーブルクロスを急に引っ張ると，その上に載っている食器などを動かさずにテーブルクロスだけを引き抜くことができる）.
- ジェットコースターに乗って下降するときに，体が浮くように感じること.

例題 5.2　地球上でプロの投手が投げるボールをキャッチすると大きな衝撃を感じる（グローブを着用していても手が痛くなる）. それでは，いわゆる「重力がなくなっている」無重力状態ではどうだろうか？

解　地球上でボールをキャッチするときにはボールの速度が急激に

変化する．ニュートンの運動の法則により，ボールには大きな力が
はたらいていることがわかる．その反作用として手にも大きな力が
はたらくはずである．すなわち，手に大きな衝撃を受ける．ボール
の急激な速度変化は無重力状態でも同じなので，やはりプロの投手
のボールをキャッチすると大きな衝撃を受ける（ただし，無重力状
態でプロの投手が速球を投げることができるかどうかは問わない）．

　グローブがないときに手を引きながらボールをキャッチすれば衝
撃を和らげることができる．これは，速度変化を起こす時間が長く
なり加速度が小さくなるからである．加速度が小さくなるので，関
与する力も小さくなる．

5.2　様々な運動♡ ●

運動方程式の理解を深めるために，重要なものを挙げる．

- 直線上を運動する質量 m〔kg〕の物体に，その直線に平行な力 F〔N〕
  を与えた場合

  　等加速度運動を行う．第2章では，加速度 a〔m/s²〕は与えられた．
  ここでは，運動方程式 $F = ma$ で決まる加速度 a になる．

- 質量 m の物体を角度 θ のなめらかな斜面に置いた場合

  　図5.3を参照して，作用している力を斜面に垂直な方向と平行な方
  向の力に分解する．斜面に垂直な方向の重力の成分と垂直抗力はつり
  あっているので，垂直方向の運動は起こらない．g〔m/s²〕を重力加
  速度の大きさとして，重力の斜面に平行な成分に対して運動方程式を
  立てると，

$$mg \sin \theta = ma$$

が得られ，$a = g \sin \theta$ の等加速度直線運動を行うことがわかる．

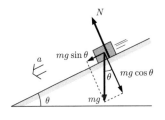

図 5.3　斜面に置かれた物体の運動．

- 接触している2つの物体

  　図5.4のように，質量 m_A〔kg〕の物体 A と質量 m_B〔kg〕の物体
  B が接触している．物体 A を力 F で押すと，物体 A は物体 B を力
  f〔N〕で押すことになる．一方，作用・反作用の法則より物体 B は物
  体 A を力 $-f$ で押すことになるので，各物体の運動方程式は

$$F - f = m_A a$$

$$f = m_B a$$

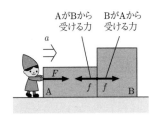

図 5.4　接触している2物体の運動．

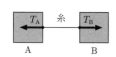

図 5.5　糸にかかる力.

注 4　糸の質量を 0 kg とする.

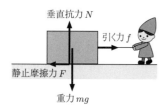

図 5.6　粗い面に置かれて静止している物体.

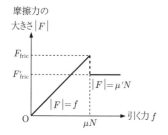

図 5.7　摩擦力の引く力依存性. 動き始めると摩擦力は減少する.

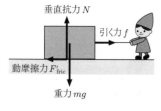

図 5.8　摩擦力は変化する.

となる. ここで加速度 a は共通であることに注意すること. これらの式の両辺をそれぞれ加えることによって, f を消去して,

$$F = (m_A + m_B)\,a$$

という方程式を導いて a を求めることができる.

- 糸の運動

図 5.5 のように, 糸に関する運動方程式は, 糸の質量を無視するという近似のもとでは[注4], 加速度 a がどのような値でも

$$T_B - T_A = 0\,\mathrm{kg} \cdot a = 0\,\mathrm{N}$$

となる. ここで, $T_A\,〔\mathrm{N}〕$ と $T_B\,〔\mathrm{N}〕$ はそれぞれ物体 A と B が糸を引く力の大きさである. したがって, $T_A = T_B$ である. 一方, 物体 A と B に作用する糸からの張力はこの T_A と T_B の反作用なので, 先に考えたように物体 A と B に作用する張力の大きさは等しい.

- 摩擦力のために静止している物体

図 5.6 のように, 粗い面に置かれた質量 m_A の物体を力 f で引っ張った. この力が小さいときは静止している. 力を加えているのに静止しているので, 粗い面から力 $F = -f$ の力を受けているはずである. この力を**静止摩擦力**という. この静止摩擦力は引っ張る力に応じて変化するという奇妙な性質をもっている.

引く力がある大きさを超えると, 物体は動き出す. この動き出す直前の静止摩擦力のことを**最大摩擦力**といい, その大きさ $F_{\mathrm{fric}}\,〔\mathrm{N}〕$ は**実験**によると垂直抗力 $N\,〔\mathrm{N}〕$ に比例する.

$$F_{\mathrm{fric}} = \mu N$$

この無次元の比例定数 μ を**静止摩擦係数**という. 静止摩擦係数は接触する面の種類や状態によって決まる定数で, 接触する面の大小にはあまり依存しない.

- 動摩擦力がはたらく物体の運動

粗い面上の物体に力を加えていくと, 静止摩擦力も増加するが, 物体は動かない. しかしながら, 静止摩擦力が最大摩擦力を超えると物体は動き出す. その際, 物体には最大摩擦力よりも小さい**動摩擦力**がはたらく. その大きさ $F'_{\mathrm{fric}}\,〔\mathrm{N}〕$ は**実験**によると垂直抗力 N に比例する.

$$F'_{\mathrm{fric}} = \mu' N$$

この無次元の比例定数 μ' を**動摩擦係数**という. 動摩擦係数は接触す

る面の種類や状態によって決まる定数で，接触する面の大小や物体の速さにはあまり依存しない注5.

動摩擦力を考慮して運動方程式を立てて，加速度を求める.

- **空気抵抗がはたらく物体の落下**

空気中を落下する物体はその速さに依存した**空気の抵抗**を受ける.最初は，物体の速さが小さいために重力の方が大きく重力によって加速する.ところが，やがて物体の速さが大きくなると空気の抵抗も増し，重力とつりあうようになる.すると加速度はゼロになる.すなわち，物体の速度は一定になる.この速度を**終端速度**という.

空気の抵抗 f が物体の速度 v〔m/s〕に比例する.すなわち

$$f = -kv \text{注6}$$

の場合には，運動方程式は

$$mg - kv = ma$$

となる.$t = 0$ s では，$v = 0$ m/s なので，$a = g$ である.また，十分時間が経過して，終端速度 $v_{\mathrm t}$〔m/s〕に達した時には，速度変化はゼロ，すなわち $a = 0$ m/s^2 なので，

$$v_{\mathrm t} = \frac{mg}{k}$$

となる.

これら以外にも，粗い斜面など，これらを組み合わせた問題が多数ある.

注5 動摩擦係数が物体の速さに依存しないモデルを考えているといった方が良いだろう.

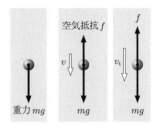

(a) 落下開始直後　(b) 途中　(c) 十分な時間が経過後

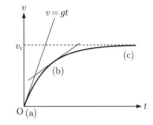

図 5.9 空気抵抗がある場合の物体の落下.

注6 $f = -kv$ の負号は，空気の抵抗が速度ベクトルと逆向きであることを意味する.

例題 5.3 粗い水平面上で，軽い糸（長さ l_0〔m〕）でつながれた質量 m_1, m_2〔kg〕の物体を一定の力（大きさ F〔N〕）で引っ張るときの運動を考える.力の向きに x 軸をとる.動摩擦係数は μ' で，質量 m_1 の物体1を引っ張る.

(1) 糸の張力の大きさを T〔N〕として，物体1,2それぞれの運動方程式を立てよ.ただし，物体1,2の位置座標は x_1, x_2〔m〕とする.

(2) T を消去して，x_1 のみの運動方程式にせよ.

(3) 時刻 $t = 0$ s のとき静止しており，$x_1 = 0$ m であった.x_1 を時間の関数として表せ.

解 (1)
$$m_1 \frac{d^2 x_1}{dt^2} = F - T - \mu' m_1 g$$
$$m_2 \frac{d^2 x_2}{dt^2} = T - \mu' m_2 g$$

(2) 上の式を足し合わせると,

$$m_1 \frac{d^2 x_1}{dt^2} + m_2 \frac{d^2 x_2}{dt^2} = F - \mu'(m_1 + m_2)g$$

となる. また, 糸の長さは l_0 なので, $x_2 = x_1 - l_0$ である. したがって, 上の式は

$$(m_1 + m_2)\frac{d^2 x_1}{dt^2} = F - \mu'(m_1 + m_2)g$$

となる.

(3) 以下のような等加速度運動になる.

$$x_1(t) = \frac{1}{2}\left(\frac{F}{m_1 + m_2} - \mu'g\right)t^2$$

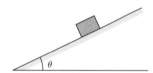

図5.10 斜面上の物体.

例題5.4 水平面からの角度が θ の粗い斜面上の物体について考える(図5.10).

(1) 斜面上に静止している物体にはたらく力を図示せよ. その際, 作用点, 作用線, 大きさがわかるようにすること.

(2) 斜面の角度を 0 から徐々に増やしていくと, ある角度 θ_0 で物体は斜面を滑り始めた. 静止摩擦係数 μ を求めよ. 以下の問題では, 斜面の角度はこの θ_0 よりも小さい場合を考える.

(3) 初速度の大きさ v_0 で, 斜面に沿って物体を投げ上げた. 運動方程式を立てよ. ただし, 投げ上げた時刻を時間の原点, 投げ上げた点を座標の原点とする. 運動は 1 次元で, その運動の方向に x 軸をとる. また, 動摩擦係数を μ' とする.

(4) (3)で立てた運動方程式を解いて, 物体の速度と位置の時間変化を表す式を求めよ.

(5) x の最大値を求めよ.

解 (1) 図5.11のように斜面上の物体にはたらく力が図示できる. 静止しているので, これらの力によって三角形ができる.

(2) 垂直抗力の大きさは $mg\cos\theta$ で, 摩擦力が重力の斜面方向の成分とつりあっていれば静止する. 別のいい方をすると, 静止しているとき, 最大静止摩擦力の大きさは重力の斜面に平行な成分より大きい. したがって,

$$\mu mg\cos\theta \geq mg\sin\theta$$

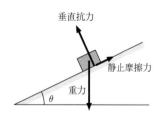

図5.11 斜面上の物体.

である. 最大の角度 θ_0 は

$$\mu = \tan\theta_0$$

となるから, θ_0 より静止摩擦係数を求めることができる.

(3) $\displaystyle m\frac{d^2x}{dt^2} = -mg\sin\theta - \mu'mg\cos\theta$

(4) 初速度 v_0, 初期位置 $0\,\mathrm{m}$ で, 等加速度 $-g(\sin\theta + \mu'\cos\theta)$ の運動なので,

$$v(t) = v_0 - g(\sin\theta + \mu'\cos\theta)t$$

$$x(t) = v_0 t - \frac{1}{2}g(\sin\theta + \mu'\cos\theta)t^2$$

(5) $v(t) = 0\,\mathrm{m/s}$ の時刻まで物体は斜面を上り, 速度がゼロになるとそこで静止摩擦力のために, 静止する. まず, 速度がゼロになる時間 t_0 を求めると,

$$t_0 = \frac{v_0}{g(\sin\theta + \mu'\cos\theta)}$$

となる. これを $x(t)$ に代入すると,

$$x(t_0) = \frac{1}{2}\frac{v_0^2}{g(\sin\theta + \mu'\cos\theta)}$$

となる.

5.3 ニュートンの運動法則の解釈♠ ●

第1法則の意味について考えよう. 第2法則で $\vec{F} = \vec{0}\,\mathrm{N}$ を代入すれば, $\vec{a} = \vec{0}\,\mathrm{m/s^2}$ となり, 第1法則が導かれ, 第1法則はいらないように思われるかもしれない. しかしながら, 第1法則は,

> 力が作用しない質点は静止状態を維持する, あるいは等速直線
> 運動を行うように「見える」座標系（＝ **慣性系**）の存在を仮定
> する

ことを意味していると解釈すべきである. 別のいい方をすれば, 慣性系と近似することができる座標系が存在するということである. 例えば, 地面に対して固定した座標系を考えよう. 多くの運動を考える場合に, この座標系は慣性系と見なすことができる. しかしながら, 台風のような地球規模の大気の運動を考慮する場合, これを慣性系と考えることはできなくなる. 台風が渦を巻くのは, 地球の自転のために地球に固定した座標系が慣性系と近似できなくなることの現れである.

地球は太陽の周囲を公転しているし, 太陽は銀河系内で回転している. 銀

河系も銀河の集団の中で運動している．このように考えると完全に静止した座標系を考えることは困難であり，したがって慣性系を見出すことは困難である．

第 2 法則は，力を曖昧さなしに定義する方法を与えると解釈することができる．力は，そのはたらきに則って定義される必要がある．「力がつりあっていて，合力がゼロであれば，静止しているものは静止し続ける」という性質を使って力を定義する場合の難しさについては，すでに第 4 章で議論した．また，「物体の変形の原因になる」という力の性質を用いて力を定義することも難しい．物体の変形は物体の様々な性質に依存することは明らかである．したがって，基準となる物体を得ることは非常に困難である．

最後に，「運動の変化の原因になるという力の性質」を用いて力を定義する場合を考える．第 2 法則は

$$\vec{F} = m\frac{d^2\vec{r}}{dt^2} \tag{5.3}$$

と書き直すことができる．すなわち，運動方程式によって「力」を定義するわけである．ここで重要なのは，$\vec{r}$ は曖昧さなし[注7]に測定できる量であることである．ただ，同じ大きさの力が作用しても，物体によっては速度の変化が大きかったり小さかったりする．そのような違いを説明するために，「なんらかの物質の量＝慣性の強さ」を意味する質量 m を導入している．「物体の変形の原因である力」による力の定義と異なり，質量は物体の詳細によらないので基準となる物体を得ることは容易である[注8]．

さて，第 3 法則と第 1 法則を用いて以下のような考察を行う．1 つの物体（例えば，鉄球）を A と B の部分に仮想的に分割しよう．それらが，お互いに力を及ぼし合っている場合を考える[注9]．A が B に及ぼす力を作用とするならば，その反作用は B が A に及ぼす力である．もしも作用・反作用の法則が成り立たないならば，もともとの物体に力が作用することになる．すなわち，この物体は外部から力を受けなくても加速度運動を起こすことになってしまい，第 1 法則と矛盾してしまう．

ここでは，もともと一体であった物体を部分に分けて，その間の作用・反作用を考察して，作用・反作用の法則が成り立つべきであると結論づけた．この法則を相互作用する複数の物体に適用範囲を拡張しようという提案が，第 3 法則の意味である[注10]．

5.4　見かけの力

慣性系に対して加速度運動している観測者が観測する場合，第 3 章で議論

注7　無限の精度の測定ができることではなくて，誤差を評価する具体的な方法が与えられるという意味である．

注8　2019 年以降，国際キログラム原器に替わって，普遍的な物理定数である「プランク定数」がキログラムの基準となった．このプランク定数の決定には，日本の国立研究開発法人産業技術総合研究所が大きな貢献をした．

注9　A と B が力を及ぼし合っているかどうかの判定は困難であるが，もともとは 1 つの物体を仮想的に分割しただけなので，力がはたらいていなければバラバラになってしまうだろう．

注10　本著者の考えである．

したように，観測対象には観測者の加速度に由来する「見かけの加速度」が
生じているように観測される．したがって，この「見かけの加速度」に対応
した「力」が観測対象に作用しているように「観測」される．この「力」は
原因となる物体が存在しないために，「見かけの力」と呼ばれている．

　遠隔力はその原因となる物体の「観測」という観点から考えると，悩まし
い力である．ここで，外界からの情報が完全に遮断されたロケットの中にい
る観測者を考えよう．最初は観測者は無重力状態にあった．ところが，ある
瞬間から，ある方向に引っ張られるような力を感じるようになったとしよ
う．ロケットには何が起こったのであろうか？　観測者は「ロケットが加速
を始めた」と判断するだろうが，実はもう1つの可能性がある．すなわち，
引っ張られる方向に大きな質量をもった物体（天体）が現れたという可能性
である．観測者には，どちらか判断することはできない．

5.5　運動方程式の解法

　運動方程式 (5.3)，すなわち $\vec{F} = m\dfrac{d^2\vec{r}}{dt^2}$ は，微分を含んだ方程式なので，
微分方程式の一種である．運動方程式 (5.3) に現れる $\vec{F}$ が，時間のみの関数
の場合には[注11]，両辺を m で割った後に時間で積分すると[注12]，

$$\text{左辺} = \int_{t_0}^{t} \frac{\vec{F}(t')}{m}\,dt' = \frac{1}{m}\int_{t_0}^{t} \vec{F}(t')\,dt'$$

$$\text{右辺} = \int_{t_0}^{t} \frac{d^2\vec{r}(t')}{dt'^2}\,dt' = \int_{t_0}^{t} d\left(\frac{d\vec{r}(t')}{dt'}\right) = \left[\frac{d\vec{r}(t')}{dt'}\right]_{t_0}^{t} = \vec{v}(t) - \vec{v}(t_0)$$

となる．ただし，時刻 t_0 は時刻を測定する際の基準の時刻である．した
がって，

$$\frac{1}{m}\int_{t_0}^{t} \vec{F}(t')\,dt' = \vec{v}(t) - \vec{v}(t_0) \tag{5.4}$$

が得られる．同様に，もう一度積分を行うことによって[注13]

$$\int_{t_0}^{t} \vec{v}(t')\,dt' = \int_{t_0}^{t} \frac{d\vec{r}(t')}{dt'}\,dt' = \int_{t_0}^{t} d\vec{r}(t') = [\vec{r}(t')]_{t_0}^{t} = \vec{r}(t) - \vec{r}(t_0)$$

$$\tag{5.5}$$

が得られる．すなわち，運動方程式を時間で2回積分することによって，
$\vec{r}(t)$ を求めることができ，運動方程式を解くことができる[注14]．また，t_0
における $\vec{v}(t_0)$ と $\vec{r}(t_0)$ は測定によって与える必要がある[注15]．あるいは，
異なった2つの時刻 t_0, t_1 における位置ベクトル $\vec{r}(t_0), \vec{r}(t_1)$ を測定する必
要がある．

注11　重力下の運動のように $\vec{F}$ が定数の場合も，時間のみの関数である．

注12　$\int dX = X + c$（c は積分定数）である．また，$\dfrac{d^2\vec{r}(t)}{dt^2} = \dfrac{d}{dt}\left(\dfrac{d\vec{r}(t)}{dt}\right)$ を思い出すこと．

注13　$\vec{v}(t) = \dfrac{d\vec{r}(t)}{dt} = \dfrac{d}{dt}(\vec{r}(t))$ を思い出すこと．

注14　微分方程式を満たす関数を求めることを，微分方程式を解くという．

注15　2つの測定値が必要なのは，積分を1回行う毎に積分定数が1つ現れることに対応する．

例題 **5.5**　質量 m の物体が，初速度 $\vec{v}_0$，初期位置 $\vec{r}_0$ で重力加速度 $\vec{g}$ のもとで運動している．ただし，運動を始めた瞬間を時刻 $t = 0\,\mathrm{s}$ とし，鉛直上向きを z 軸の正の向きとする．

(1)　この物体の $\vec{v}(t)$ と $\vec{r}(t)$ を求めよ．

(2)　重力加速度の大きさを g として，$\vec{g}$ を成分表記せよ．

(3)　以下の場合は，自由落下，水平投射，斜方投射のどれか？

　i,　$\vec{v}_0 = \vec{0}\,\mathrm{m/s}$, $\vec{r}_0 = h_0(0,0,1)$ の場合．

　ii,　$\vec{v}_0 = v_0(1,0,0)$. $\vec{r}_0 = h_0(0,0,1)$ の場合．

　iii,　$\vec{v}_0 = v_0(\cos\theta, 0, \sin\theta)$, $\vec{r}_0 = \vec{0}\,\mathrm{m}$ の場合．

解　(1)　物体に作用する力は $m\vec{g}$ である．したがって，物体の加速度は $\dfrac{m\vec{g}}{m} = \vec{g}$ の定数である．式 (5.4) と (5.5) より，

$$\vec{v}(t) = \vec{g}t + \vec{v}_0$$

$$\vec{r}(t) = \frac{1}{2}\vec{g}t^2 + \vec{v}_0 t + \vec{r}_0$$

となる．

(2)　$\vec{g}$ の x, y 成分はゼロであり，z 成分は鉛直上向きを z 軸の正の向きとしているので，$-g$ である．したがって，

$$\vec{g} = g(0,0,-1)$$

である．

(3)　i,　高さ h_0 からの自由落下である．

　　ii,　高さ h_0 から初速度の大きさ $|\vec{v}_0| = v_0$ の水平投射である．

　　iii,　地面から上向きに角度 θ で初速度の大きさ v_0 で投げ上げた場合の斜方投射である．

5.6　空気抵抗を受ける物体の落下運動

　運動方程式を微分方程式と考えて，運動を解く例として，空気抵抗を受ける物体の落下を考えよう．質量 m の物体が速度に比例した空気の抵抗を受けて運動する．重力加速度の大きさを g とする．鉛直下向きを x 軸の正の向きとする．初速度は $0\,\mathrm{m/s}$ で初めの位置は $x = 0\,\mathrm{m}$ とする．任意の時刻 t での速度を求めよう．

運動方程式は,

$$mg - k\frac{dx}{dt} = m\frac{d^2x}{dt^2}$$

である.$v = \dfrac{dx}{dt}$ を用いて書き直すと,$mg - kv = m\dfrac{dv}{dt}$ となる.さらに

$\dfrac{mg - kv}{mg} = X$ とおくと[注16],

注16 X は無次元の変数である.

$$X = \frac{1}{g}\frac{dv}{dt} = \frac{1}{g}\frac{dv}{dX}\frac{dX}{dt}$$

と変形できる.初速度 $0\,\text{m/s}$ でスタートした運動で,空気抵抗が重力より大きくなることは考えられないので,$X \geqq 0$ であることに注意すること.
$\dfrac{dv}{dX} = -\dfrac{mg}{k}$ より,運動方程式は $X = -\dfrac{m}{k}\dfrac{dX}{dt}$ となる[注17].これを,

注17 $\dfrac{m}{k}$ の次元は T である.
したがって,式の両辺の次元は無次元になり一致する.

$$-\frac{k}{m} = \frac{1}{X}\frac{dX}{dt}$$

と変形して,両辺を時間で積分する.すなわち,

$$\int -\frac{k}{m}dt = \int \frac{1}{X}\frac{dX}{dt}dt = \int \frac{1}{X}dX$$

である.したがって[注18],

注18 対数関数や指数関数の引数は無次元でなければならない.

$$-\frac{k}{m}t + c = \log X$$

が得られる.ここで,c は積分定数である.X について解くと,

$$X = e^{-\frac{k}{m}t+c}$$

となる.$\dfrac{kt}{m}$ は無次元である.以上により,

$$\frac{mg - kv}{mg} = e^{-\frac{k}{m}t+c}$$

が得られる.v について解くと,

$$v = \frac{mg}{k}\left(1 - e^{-\frac{k}{m}t}\right)$$

となる.なお,$t = 0\,\text{s}$ で $v = 0\,\text{m/s}$ となるように,積分定数 c を決めた[注19].

注19 $e^c = 1$ である.

$t \to \infty$ の場合,$e^{-\frac{k}{m}t}$ はゼロになり一定の速度(終端速度)で落下することになる.一方,加速度は

$$\frac{dv}{dt} = ge^{-\frac{k}{m}t} \tag{5.6}$$

となる.特に,$t = 0\,\text{s}$ には,加速度の大きさは g になり自由落下と同じである.なぜなら,$t = 0\,\text{s}$ では,速度がゼロなので空気による抵抗もゼロであるためである.このようにして,空気抵抗がある場合の v-t 曲線を求めることができる.図 5.9 参照.

章末問題

注20　かろうじて切れずに，この物体をつるすことができる細い糸を考える.

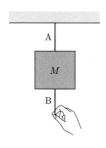

図 5.12　質量の大きい物体を細い糸でつるす.

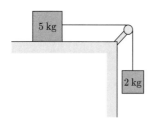

図 5.13　2つの物体を糸で結ぶ.

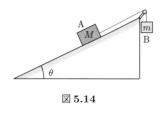

図 5.14

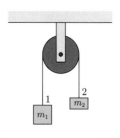

図 5.15　アトウッドの器械.

問題 5.1♡　大きな質量 M の物体が，細い糸 A[注20] で天井からつり下げられている．この物体の底には，同じ材質で同じ長さの糸 B がとりつけられている．さて，糸 B を引っ張った際に切れるのは，A か B のどちらだろうか？

通常は無視する糸の伸びを以下のようにモデル化して考えよ.

- 糸は力を作用させると，その与えた力に比例してわずかに伸びる．
- 伸びがある一定の大きさに達すると，糸は切れる．

ただし，鉛直下向きを z 軸の正の向きとする.

問題 5.2♡　なめらかな水平面上に置いた質量 $5.0\,\mathrm{kg}$ の物体に軽くて伸びない糸をとりつけ，糸の他端を定滑車を通して質量 $2.0\,\mathrm{kg}$ の物体にとりつけた．この2つの物体の加速度と糸の張力の大きさを求めよ．重力加速度の大きさを $9.8\,\mathrm{m/s^2}$ とする.

問題 5.3♡　水平面からの傾きを変えることができる板の上に，質量 M の物体 A が置かれている．質量 m（ただし，$m < M$）の物体 B と糸で結ばれている．板と物体の間の静止摩擦係数を μ，動摩擦係数を μ'，重力加速度の大きさを g とする.

(1) 板の傾き θ が小さく物体 A が板の上で静止しているときの，物体 A に作用する垂直抗力を求めよ．また，板に水平な方向の力のつりあいを考察せよ．摩擦力を F_f とする.

(2) 傾き θ を徐々に増やしていくと，θ_0 のときに物体 A は滑り始めた．μ を求めよ.

(3) 板の傾きが θ_0 で物体 A が滑り落ちるとき，物体 A の加速度の大きさを求めよ.

(4) 物体 A は板の端から L の位置にあった．板の端に達したときの速度の大きさを求めよ.

問題 5.4♡　定滑車に軽くて伸びない糸をかけ，その両端に質量 m_1, m_2（$m_1 > m_2$）の物体1と2をとりつけた．このような装置をアトウッドの器械という．最初は物体1を支えておいて，静かにその支えを除いた．物体1と2の加速度と糸の張力の大きさを求めよ.

問題 5.5[♡]　質量 m の小球を軽くて伸びない糸の一端につけ，他端を手で持つ．手が以下の運動を行う際，糸の張力の大きさを求めよ．重力加速度の大きさを g とする．

(1)　静止している．

(2)　一定の速度の大きさ v_0 で上昇している．

(3)　一定の速度の大きさ v_0 で下降している．

(4)　加速度の大きさ a_0 で上昇している．

(5)　加速度の大きさ a_0 で下降している．ただし $g > a_0$ とする．

(6)　加速度の大きさ a_0 で下降している．ただし $g < a_0$ とする．

図 5.16　糸でつり下げた小球を動かす．

問題 5.6[♡]　質量 m の小球を軽いバネ定数 k のバネの一端につけ，他端を手で持つ．手が以下の運動を行う際のバネの伸びを求めよ．重力加速度の大きさを g とし，バネの伸びは伸びる向きを正とする．

(1)　静止している．

(2)　一定の速度の大きさ v_0 で上昇している．

(3)　一定の速度の大きさ v_0 で下降している．

(4)　加速度の大きさ a_0 で上昇している．

(5)　加速度の大きさ a_0 で下降している．ただし $g > a_0$ とする．

(6)　加速度の大きさ a_0 で下降している．ただし $g < a_0$ とする．

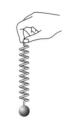

図 5.17　バネでつり下げた小球を動かす．

問題 5.7[♡]　質量 M の直方体 M の上に質量 m の小さな直方体 m が載っている．直方体 M と m の間の静止摩擦係数を μ，動摩擦係数を μ' とする．直方体 M はなめらかな水平面上にあり，最初静止していた．水平面上に固定した x 座標を考え，直方体 M と m の中心の座標は $t = 0\,\mathrm{s}$ で，どちらも $x = 0\,\mathrm{m}$ であった．そして，時刻 $t = 0$ から一定の力（大きさ F で，その力の向きを x 軸の正の向きとする）で引っ張られる．ただし，重力加速度の大きさを g とする．

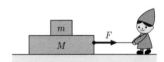

図 5.18　質量 M の物体 M の上に質量 m の物体を置いて，M を引っ張る．

(1)　直方体 M と m の間の摩擦力の大きさを F_{f} として，それぞれの直方体の運動方程式を立てよ．直方体 M と m の中心の座標をそれぞれ X, x とする．ただし，$F_{\mathrm{f}} \leq \mu m g$ で，直方体 M と m は一体となって動くものとする．この場合の X を時間の関数として表せ．

(2)　$F_{\mathrm{f}} \geq \mu m g$ ならば，直方体 M に固定した座標系から直方体 m を見た際の見かけの力が $\mu m g$ より大きくなり，直方体 M と m は一体となって運動できなくなる．このときの運動方程式を求めよ．また，X, x を時間の関数として求めよ．

(3) 直方体 M に乗った観測者が直方体 m を見たときの直方体 m の位置 $x'(t)$ を求めよ．ただし，$t = 0\,\mathrm{s}$ で，$x' = 0\,\mathrm{m}$ と仮定する．

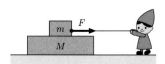

図 5.19　上に置いた物体を引っ張る．

問題 5.8$^{\heartsuit}$　水平でなめらかな面の上に質量 M の物体 B を置き，その上に質量 m の物体 A を置いた．物体 A と物体 B の間には摩擦力がはたらき，その静止摩擦係数を μ，動摩擦係数を μ' とする．今，上に載った物体 A を力の大きさ F で引っ張っている．重力加速度の大きさを g として，以下の問に答えよ．

(1) F が小さいときは物体 A と B は一体となって運動する．そのときの加速度を求めよ．

(2) 物体 A と B が滑り出すときの力の大きさ F_0 を求めよ．

(3) 物体 A と B が滑るときのそれぞれの加速度を求めよ．

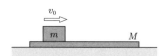

図 5.20　上に置いた物体を初速度 v_0 で動かす．

問題 5.9$^{\heartsuit}$　なめらかな水平面上に質量 M の平らな板を置く．最初，板は静止している．その上に質量 m の小物体を載せる．小物体と板の間の動摩擦係数は μ' である．時刻 $t = 0\,\mathrm{s}$ に，小物体に右向きの初速度 v_0 を与える．

(1) 小物体の加速度はいくらか．

(2) 板の加速度はいくらか．

(3) 小物体が板に対して静止する時刻を求めよ．

(4) 小物体が板に対して静止したときの全体の速度の大きさを求めよ．

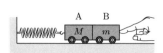

図 5.21　バネによる投射のモデル．

問題 5.10$^{\heartsuit}$　バネ定数 k のバネの一端を壁に固定し，他端を質量 M の物体 A にとりつける．A を水平な面上に置いて，A に質量 m の物体 B を押しつけて，バネを縮めた．そして，物体 B を押しつけている力を急に除く．以下の場合について，B が A から離れるときのバネの伸びを求めよ．ただし，負の伸びは縮んでいることを表すものとする．

(1) 物体 A と B も面との摩擦はない．

(2) 物体 A と面に動摩擦がある．ただし動摩擦係数を μ' とする．

問題 5.11　なめらかな水平面上を，質量 m の物体が速度に比例し，かつ速度と反対向きの空気抵抗を受けて直線運動を行う．ただし，直線運動の方向に x 軸をとる．また，空気抵抗の比例定数を b とする．

(1) v に関する運動方程式を記述せよ．

(2) 時刻 $t = 0$ のときの速度を v_0 として，$v(t)$ を求めよ．

(3) 時刻 $t = 0$ のときの位置を原点として，$x(t)$ を求めよ．

(4) この物体が到達する場所の x 座標を求めよ．

◆────── 擬似理論に騙されるな ──────◆

　旧日本海軍が「百発百中の砲一門は百発一中の砲百門に勝る」といって，訓練による熟練によって物量に対抗しようとした話は有名である．さて，上の疑似理論では何が問題なのだろうか？　一見したところ正しそうだ．以下の例を考えてみよう．

　1隻の船Aが100隻の艦隊に取り囲まれているとしよう．船Aの大砲の命中率は100％なので，船Aが大砲を撃つと艦隊のうち1隻には砲弾が命中してその船は沈没する．しかしながら，船Aと同時に艦隊も大砲を一斉に撃つ．これらの大砲の命中率はわずか1％である．したがって，船Aが生き残る確率は $(99/100)^{100} \sim 0.37$ となる．ここで，船Aが生き残ったとして2回目の砲撃戦が行われるとしよう．2回目の砲撃戦の後に艦隊の生き残りの船の数は98隻になる．船Aが今回も生き残る確率は $(99/100)^{99} \sim 0.37$ である．船Aが2回の砲撃戦を生き残る確率は $0.37^2 \sim 0.14$ である．このように砲撃戦を続けていくと，艦隊の大半が生き残っているうちに船Aは撃沈されてしまうはずである．

　さて，この問題を大学で初めて本格的に学ぶ，そして物理学を学ぶ上でも活用する，微分方程式を用いて考えてみよう．今，軍隊AとBが敵対している．それらの軍隊の戦力を x と y とする．これらは，兵員の数かもしれないし，軍隊を構成する艦船の数かもしれない．一定の時間内に，軍隊Aはその戦力に比例して（比例定数を $a > 0$ とする[注21]）軍隊Bの戦力を無力化することができる．すなわち，微分方程式で表すと，

$$\frac{dy}{dt} = -ax \quad \cdots (1)$$

である．一方，同様に軍隊Bも軍隊Aに打撃を与えることができる．比例定数を $b > 0$ としよう．この場合，

$$\frac{dx}{dt} = -by \quad \cdots (2)$$

となる．これらの式は相互に関連しているので，連立微分方程式といわれる．$(1) \times by - (2) \times ax$ を計算すると，

$$by\frac{dy}{dt} - ax\frac{dx}{dt} = 0$$

となる．上式は簡単に積分できて，

$$by^2 - ax^2 = C$$

となる．C は定数である．戦闘開始時を $t = 0\,\mathrm{s}$ として，その時の軍隊AとBの戦力をそれぞれ x_0 と y_0 とすると，$C = by_0{}^2 - ax_0{}^2$ となる．書き直すと，

$$b(y_0{}^2 - y^2) = a(x_0{}^2 - x^2)$$

となる．戦闘を行っている2つの軍隊AとBで，大きく a と b の値が異なっているはずはないので[注22]，$a = b$ の場合を考えよう．仮に $y_0 > x_0$ で，$x = 0$（すなわち，軍隊Aが完全に無力化される）のときの軍隊Bの生き残る戦力は $y = \sqrt{y_0{}^2 - x_0{}^2}$ となる．例えば，$y_0 = 2, x_0 = 1$ の場合に $y = \sqrt{3}$ となり，軍隊Aが戦力を1から0に減らす間に，軍隊Bは戦力を2から $\sqrt{3}$ に減らすだけである．いかに物量が戦闘において物を言うかがわかる．

　以上の議論が成り立つのは，鉄砲や大砲などを用いており，一方の軍隊の戦力が他方の軍隊全体に影響を与えることができる場合である．これをランチェスターの2次

注21　この定数 a が大砲の命中率などに対応する．

注22　双方とも必死に a と b を向上させるはず．あまりにも違っている場合は，戦闘ではない．

法則という [1].　戦場での戦闘が兵士の 1 対 1 の戦いの場合には成り立たず，その場合はランチェスターの 1 次法則を適用する.

　本書で，昔の戦争のことに関して議論する考えはない．しかしながら，正しい理解をした上で行動しないと，無意味な行動になりかねないのだということを心にとめ，擬似理論に騙されないで欲しいと思う．また，軍隊を競合する企業に対応させて，以上のような議論を経営戦略に応用する試みもあることを指摘しておく.

参考文献

[1]　谷田部学，MSS 技報 **19** (2008) 40,
　　http://www.mss.co.jp/technology/report/pdf/19-07.pdf
　　などを参照のこと.

円運動と振動

円運動と振動は物理学で特に重要な運動である．そこで，この2つの運動について詳細に学ぼう．

6.1　等速円運動$^\heartsuit$ ────────────●

観覧車のように円周上を一定の速さで動く運動を**等速円運動**という．等速円運動の場合，物体が円の中心 O の周りに回転する角度 θ rad は^{注1}一定の割合で増加する．単位時間（1 s）あたりの回転角の増加を**角速度** ω といい，単位は〔rad/s〕（**ラジアン毎秒**）である．t〔s〕の間に角度 θ だけ等速で回転した場合の角速度 ω は

$$\omega = \frac{\theta}{t} \quad \text{あるいは} \quad \theta = \omega t$$

となる．物体が半径 r〔m〕の円周上を等速円運動するとき，その物体の速さ（速度の大きさ）v〔m/s〕は

$$v = r\omega$$

となる．

物体が円周上を1回転するのに要する時間 T〔s〕を**周期**という．また，1 s に回転する回数 f を**回転数**といい，f〔Hz〕と書く．Hz は**ヘルツ**と読み，回転数の単位である．また，

$$f = \frac{1}{T}$$

である．

注1　物理学では角度の単位としてラジアン（記号 rad）を使うことが多い．日常使われる角度（度数法）x〔°〕と弧度法の角度 θ〔rad〕の間には，x〔°〕$/360$〔°〕$= \theta$〔rad〕$/2\pi$〔rad〕の関係がある．

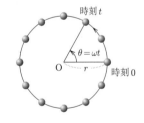

図 6.1　等速円運動を行う物体．

例題 6.1　以下の問に答えよ．

(1) 1回転する時間が 10.0 分の観覧車の周期，周波数，および角速度を求めよ．

(2) 毎分 100/3 回転の LP レコードの周期，周波数，および角速度を求めよ．

(3) 地球の自転の周期，周波数，および角速度を求めよ．

解 (1)　1 周に要する時間は 10 分 $= 600\,\mathrm{s}$ なので，周期 $T = 60 \times 10$
$= 6.00 \times 10^2\,\mathrm{s}$，周波数 $f = \dfrac{1}{600} = 1.67 \times 10^{-3}\,\mathrm{Hz}$，角速度
$\omega = 2\pi f = 1.05 \times 10^{-2}\,\mathrm{rad/s}$ である．

(2)　1 周に要する時間は $\dfrac{60.0}{100/3} = 1.80\,\mathrm{s}$ なので，周期 $T = 1.80\,\mathrm{s}$,

周波数 $f = \dfrac{100/3}{60.0} = 5.56 \times 10^{-1}\,\mathrm{Hz}$，角速度 $\omega = 2\pi f =$
$3.49\,\mathrm{rad/s}$ である．

(3)　1 周に要する時間は $24.0 \times 60 \times 60 = 8.64 \times 10^4\,\mathrm{s}$ なので，周期
$T = 8.64 \times 10^4\,\mathrm{s}$，周波数 $f = \dfrac{1}{8.64 \times 10^4} = 1.16 \times 10^{-5}\,\mathrm{Hz}$,
角速度 $\omega = 2\pi f = 7.27 \times 10^{-5}\,\mathrm{rad/s}$ である．

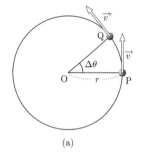

(a)

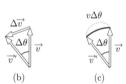

(b)　　　　(c)

図 6.2　円運動における加速度の
幾何学的な求め方．

注 2　これは速度の定義から明ら
かである．

注 3　ニュートンのプリンキピア
でも，幾何学的な考察を行って
いる．

　曲線運動を行う物体の速度の方向は，その物体の運動の軌跡の接線方向に
一致する[注2]．傘を回転させたときに水滴の飛ぶ方向をよく観察すればわか
るであろう．等速円運動では速度の大きさは一定であるが，その向きは常に
変化している．そのために，加速度はゼロではない．加速度は速度に対して
垂直なので，円運動の中心を向く．その大きさ $a\,[\mathrm{m/s^2}]$ は，円の半径を
r，円運動の速度の大きさを v とすれば，

$$a = \frac{v^2}{r} = r\omega^2$$

である．

　円運動における加速度の幾何学的な求め方[注3]は以下の通りである（図
6.2 参照）．等速円運動を行う物体が短い時間 $\Delta t\,[\mathrm{s}]$ の間に，点 P から点 Q
まで進むとしよう．物体の加速度 $\vec{a}\,[\mathrm{m/s^2}]$ は $\vec{a} = \dfrac{\Delta \vec{v}}{\Delta t} = \dfrac{\vec{v}' - \vec{v}}{\Delta t}$ であ
る．$\Delta \vec{v}\,[\mathrm{m/s}]$ は図 6.2 (b) のようにして求めることができる．Δt を十分
小さくすれば，$\Delta \vec{v}$ の大きさは $v\Delta\theta$ に近づく．したがって，加速度の大き
さ a は $a = \dfrac{v\Delta\theta}{\Delta t} = v\omega$ となる．$v = r\omega$ だから $a = r\omega^2$ が得られる．

例題 6.2　以下の問に答えよ．

(1)　曲率半径 $2.00 \times 10^2\,\mathrm{m}$ の道路を時速 $9.0 \times 10^1\,\mathrm{km/h}$ で走っ
ている自動車の内向きの加速度を求めよ．

(2)　赤道上の物体の自転による加速度を求めよ．

解 (1)　時速 $9.0 \times 10^1\,\mathrm{km/h} = 2.5 \times 10\,\mathrm{m/s}$ であるので，内向き
の加速度は $a = \dfrac{25^2}{200} = 3.1\,\mathrm{m/s^2}$ である．

(2)　自転の角速度は $7.27 \times 10^{-5}\,\mathrm{rad/s}$ であった．地球の半径はお

およそ 6.4×10^3 km である。$a = r\omega^2 = 6.4 \times 10^6 \cdot (7.27 \times 10^{-5})^2 = 3.4 \times 10^{-2}$ m/s^2 となる。

図 6.3 のようにターンテーブルに載った物体を観測する場合[注4], 2 つの見方がある。

- ターンテーブルに乗っていない観測者

  円運動をしている物体は円の中心向きの加速度運動をしている。このような加速度が生じるためには, ニュートンの運動方程式から物体は円の中心に向かう力（**向心力**）を受けていることがわかる。質量 m〔kg〕の物体にはたらく向心力の大きさ F〔N〕は

$$F = m\frac{v^2}{r} \quad \text{あるいは} \quad F = mr\omega^2$$

  である。この力はばねの弾性力による。

- ターンテーブルに乗った観測者

  見かけの力（**慣性力**）[注5]とばねの弾性力がつりあい, 物体はターンテーブル上で静止する。質量 m の物体にはたらく遠心力の大きさ F'〔N〕は,

$$F' = mr\omega^2 = m\frac{v^2}{r}$$

  である。

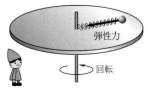

(a) 地上で静止する観測者

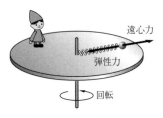

(b) 回転台の上の観測者

図 6.3 ターンテーブルに載った物体の運動.

注 4 向心力に比べて十分小さい摩擦力があって, 最終的に物体はターンテーブルと一体となって運動する。本文の議論では摩擦力は無視する。

注 5 ここでは, 遠心力.

例題 6.3 半径 r_0〔m〕のターンテーブルが角速度 ω_0〔rad/s〕で回転している。ターンテーブルの縁に置かれた物体が滑らないのは, ターンテーブルに固定した座標系で見て, 摩擦力と遠心力とつりあっているためである。摩擦係数 μ の下限値を r_0, ω_0 と g で表せ。

解 物体の質量を m〔kg〕とすると, 遠心力の大きさは $mr_0\omega_0{}^2$〔N〕である。一方, 摩擦力は μmg〔N〕であるので, $\mu mg > mr_0\omega_0{}^2$, すなわち $\mu > \dfrac{r_0\omega_0{}^2}{g}$ でなければ物体は滑ってターンテーブルから落ちてしまう。したがって, 求める下限値は $\mu = \dfrac{r_0\omega_0{}^2}{g}$ である。

例題 6.4 曲率半径 200 m の道路を時速 90 km/h で走っている自動車の向心力は, タイヤの摩擦力によって与えられている。自動車の進行方向と垂直な向きのタイヤの摩擦係数 μ の最小値を求めよ。た

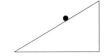

だし，重力加速度の大きさを $9.8\,\mathrm{m/s^2}$ とする．

解　道路をその一部とする円の中心向きの加速度は $a = \dfrac{25^2}{200} = 3.13\,\mathrm{m/s^2}$ である．自動車の質量を $M\,[\mathrm{kg}]$ とすると，最大の摩擦力は $\mu M g\,[\mathrm{N}]$ である．それが $Ma\,[\mathrm{N}]$ より大きければ，すなわち，$\mu g > a$ であれば，自動車は道路に沿って走ることができる．したがって，$\mu > 0.32$ であれば良い．

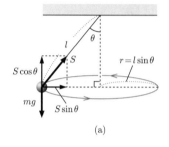

(a)

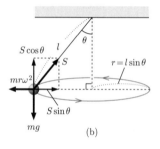

(b)

図 6.4　円錐振り子．

例題 6.5　図 6.4 のように，糸の一端を固定し，他端におもりをつけて水平面内で等速円運動をさせよう．このような運動をするものを円錐振り子という．円錐振り子の角速度 ω を

- 地上にいる観測者
- おもりと一緒に運動する観測者

の 2 者の立場から考察して，どちらの場合も

$$\omega = \sqrt{\frac{g}{l\cos\theta}}$$

が得られることを示せ．

解　図 6.4(a) は地上にいる観測者が見た場合の力を，そして (b) はおもりと一緒に運動している観測者が見る力（見かけの力を含む）を図示している．糸の張力を $S\,[\mathrm{N}]$ としている．

どちらの場合も鉛直方向の力はつりあっており，

$$S\cos\theta - mg = 0$$

である．おもりと一緒に運動する観測者から見ると，糸の張力 S の水平方向の成分と遠心力 $F\,[\mathrm{N}]$ がつりあっている．すなわち，

$$S\sin\theta - ml\omega^2\sin\theta = 0$$

である．一方，地上にいる観測者から見ると，糸の張力の水平方向の成分が向心力のはたらきを行うと考えて，

$$S\sin\theta = ml\omega^2\sin\theta$$

となる．どちらの場合も $\omega = \sqrt{\dfrac{g}{l\cos\theta}}$ が得られる．

6.2 単振動♡

　等速円運動する物体に，回転面に対して真横から平行な光を照射したときの（正射）影の運動を**単振動**という．半径 x_0〔m〕の円周上を角速度 ω〔rad/s〕で等速円運動している物体の，時刻 t〔s〕における影の位置 x〔m〕は[注6]

$$x = x_0 \sin \omega t$$

で表される．物体の影の運動に関して，x_0 は単振動の中心からの変位の最大値であり，**振幅**とよばれる．また，ω を角振動数，sin の中の引数を**位相**という．位相はもとになった等速円運動の回転角を表している．1 回の振動に要する時間 T〔s〕を**周期**といい，1 s に振動する回数 f〔Hz〕を**振動数**という．これらには，

$$fT = 1, \qquad \omega = \frac{2\pi}{T} = 2\pi f$$

の関係がある．

注6　x_0 ではなく A を用いることも多い．

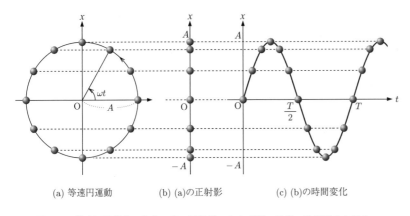

(a) 等速円運動　　　(b) (a)の正射影　　　(c) (b)の時間変化

図6.6　等速円運動する物体，その正射影，および影の位置の時間変化を示す．

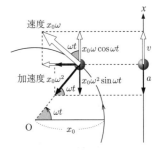

図6.5　等速円運動する物体の射影の速度と加速度．

　単振動する物体の運動は等速円運度を行う物体の正射影であるから，等速円運動する物体の速度や加速度の正射影によって，単振動する物体の速度や加速度を求めることができ，

$$v = x_0 \omega \cos \omega t, \qquad a = -x_0 \omega^2 \sin \omega t$$

になる．単振動を行う質量 m〔kg〕の物体にはたらいている力 F〔N〕は，加速度より

$$F = ma = -m\omega^2 x$$

である．ただし，この力は変位の大きさに比例し，変位と逆向きである．この力は物体を常に振動の中心へ戻す役割をするので，**復元力**と呼ばれる．

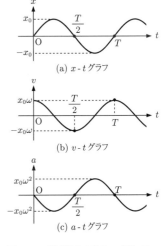

(a) x-t グラフ

(b) v-t グラフ

(c) a-t グラフ

図6.7　単振動する物体の変位，速度，および加速度．

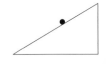

$$m\omega^2 = K \text{ とおいて } F = -Kx \text{ と書けば,} \quad \omega = \sqrt{\frac{K}{m}} \text{ となる.}$$

例題 6.6　単振動 $x(t) = (3\,\mathrm{m})\sin(2\,\mathrm{rad/s})t$ を考える. x-t 図, v-t 図, および a-t 図を描け.

解　$v(t) = (3\,\mathrm{m}) \cdot (2\,\mathrm{rad/s})\cos(2\,\mathrm{rad/s})t$ で, $a(t) = (-3\,\mathrm{m}) \cdot (2\,\mathrm{rad/s})^2 \sin(2\,\mathrm{rad/s})t$ である. グラフを描くと以下のようになる.

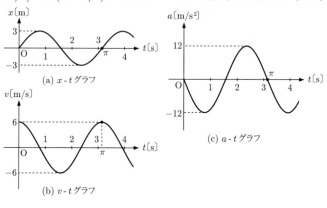

(a) x-t グラフ

(b) v-t グラフ

(c) a-t グラフ

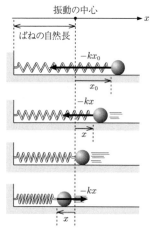

図 6.8　水平ばね振り子.

単振動を行う物体の例を 3 つ挙げる. 物体にはたらく力が $F = -Kx$ という形の復元力になることがわかれば, $\omega = \sqrt{\dfrac{K}{m}}$ と計算できるので, K がどのようになるかを考えればよい.

- 水平ばね振り子（図 6.8）

ばね定数 $k\,[\mathrm{N/m}]$ のばねの一端を壁に固定し, 他端には質量 m のおもりをつなぎ, なめらかな水平面に置く. ばねを x_0 だけ伸ばして静かにはなすと物体は単振動を行う. $F = -kx$ なので, $\omega = \sqrt{\dfrac{k}{m}}$ である.

- 鉛直ばね振り子（図 6.9）

ばね定数 k のばねに質量 m のおもりをつるすと, ばねは伸びて静止する. この位置を座標の原点とし, ここからばねを x_0 だけ伸ばして静かにはなすと物体は単振動を行う. $F = -kx$ は水平ばね振り子と同じであり, $\omega = \sqrt{\dfrac{k}{m}}$ である.

- 単振り子（図 6.10）

長さ $l\,[\mathrm{m}]$ の糸の上端を天井に固定し, 下端に質量 m のおもりをつけて水平方向にわずかに x_0 （$x_0 \ll l$）だけ横に引いて静かにはなすと, おもりは往復運動を行う. 図 6.10 に従って, おもりにはたら

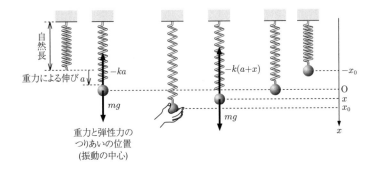

図 **6.9** 鉛直ばね振り子

く円周方向の成分を考えると，

$$F = -mg\sin\theta = -\frac{mg}{l}x$$

である．θ が十分に小さい時は円周方向は水平方向と近似できる．したがって，$K = \dfrac{mg}{l}$ の復元力がはたらいている運動と考えることができ，$\omega = \sqrt{\dfrac{g}{l}}$ となる．単振り子の周期は以上の近似のもとでは振幅の大きさに依存しない．この性質のことを**振り子の等時性**といい，振り子時計に応用されている．

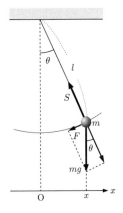

図 **6.10** 単振り子.

例題 6.7　以下のばね振り子，または，単振り子の振動の角振動数を求めよ．

(1)　質量 1.0×10^{-1} kg のおもりが，ばね定数 5.0×10 N/m の水平に置かれたばねにとりつけられている．

(2)　質量 2.0×10^{-2} kg のおもりが，ばね定数 2.0×10 N/m の鉛直につり下げられたばねにとりつけられている．

(3)　糸の長さが 1.0×10 m の先端に 1.0 kg のおもりがつけられている．重力加速度の大きさは 9.8 m/s^2 とする．

解　(1)　$\sqrt{\dfrac{k}{m}}$ より，$\sqrt{\dfrac{5.0 \times 10\,\text{N/m}}{1.0 \times 10^{-1}\,\text{kg}}} = 2.2 \times 10$ rad/s となる．

(2)　$\sqrt{\dfrac{k}{m}}$ より，$\sqrt{\dfrac{2.0 \times 10\,\text{N/m}}{2.0 \times 10^{-2}\,\text{kg}}} = 3.2 \times 10$ rad/s となる．

(3)　$\sqrt{\dfrac{g}{l}}$ より，$\sqrt{\dfrac{9.8\,\text{m/s}^2}{1.0 \times 10\,\text{m}}} = 1.0$ rad/s となる．

ストップウォッチとものさしを使って，以下のようにして π を測定（計算？）することができる．糸の長さを 9.8 m にすれば，$\omega = 1$ rad/s の単振

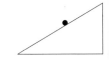

り子を作ることができる．$\omega T = 2\pi$ なので，その周期をストップウォッチで測定し，その値を 2 で割れば π が得られる．また，糸の長さを変化させることができる単振り子は，平方根を計算（測定？）することができる「アナログ」計算機と考えることができる[注7]．

注7　振り子は，古典力学を使って「平方根を計算するコンピュータ」であると考えることもできる．2015 年ごろから新聞を賑わすようになった量子コンピュータは，量子力学を使って計算を行う「アナログ」コンピュータである．

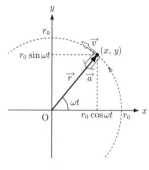

図 6.11　半径 r_0 の円周上の点の円運動を表す位置ベクトル．

注8　幾何学的な考察を行う必要はなく，微分操作を「機械的」に行えばよい．微分を学んだ時点で，その微分の意味の考察は終えている．

注9　詳細は第 11 章を参照．

注10　惑星の公転周期の 2 乗は軌道の長半径の 3 乗に比例する．

注11　r_0 の代わりに x_0 を用いた．

6.3　等速円運動，単振動と微分

　一定の角速度 ω で，原点を中心として円運動を行う質点を考えよう．円運動を行う面は xy 面とし，その半径を r_0，$t = 0\,\text{s}$ においては x 軸上にあると仮定すると，

$$\vec{r} = r_0(\cos\omega t, \sin\omega t, 0)$$

と表すことができる．

　速度と加速度は時間で微分することによって[注8]，

$$\vec{v} = \frac{d\vec{r}}{dt} = r_0\omega(-\sin\omega t, \cos\omega t, 0),$$

$$\vec{a} = \frac{d^2\vec{r}}{dt^2} = -r_0\omega^2(\cos\omega t, \sin\omega t, 0) = -\omega^2\vec{r}$$

と得ることができる．加速度がわかったので運動方程式を考慮すると，この質点に向心力

$$\vec{F} = -m\omega^2\vec{r}$$

が作用していることがわかる．

　向心力の原因として，質量 M の質点が質量 m の質点に（ただし，$M \gg m$）作用する万有引力 $\vec{F}$[注9] を考えよう．質点 M は原点にあり，質点 m の位置ベクトルを $\vec{r}$ とすると，

$$\vec{F} = -G\frac{Mm}{|\vec{r}|^2}\frac{\vec{r}}{|\vec{r}|}$$

となる．先に考えた円運動に対応させると $|\vec{r}| = r_0$ であるので，

$$-G\frac{Mm}{r_0{}^3}\vec{r} = -m\omega^2\vec{r}$$

である．ここで，周期 T は，$\omega T = 2\pi$ から

$$T^2 = \frac{4\pi^2}{GM}r_0^3$$

となり，ケプラーの第 3 法則の特別な場合が導かれる[注10]．

　単振動は円運動を行う物体の正射影の運動であるという定義から，角振動数 ω で振幅が x_0 の単振動が[注11]

$$x = x_0\sin(\omega t + \phi)$$

と表されることは明らかである．ただし，ここでは初期位相 ϕ も含めた式を書いた．x を時間で微分することによって，

$$v = \frac{dx}{dt} = x_0\omega\cos(\omega t + \phi)$$

$$a = \frac{d^2x}{dt^2} = -x_0\omega^2\sin(\omega t + \phi) = -\omega^2 x$$

となることがわかる．加速度と運動方程式から単振動する質点に作用する力は，

$$F = -m\omega^2 x$$

であることがわかる．

6.4 単振動と運動方程式

前節では，等速円運動や単振動を仮定して速度や加速度，力を考察した．ここでは，逆に復元力がはたらいている場合の運動は単振動になることを示そう．

$F = -Kx$ と表される復元力が質量 m の質点にはたらいている場合を考える．簡単のために，原点の周りでの運動を考える．この質点に関する運動方程式は

$$-Kx = m\frac{d^2x}{dt^2}$$

となる．x を 2 回微分して得られた関数は x に比例する [注 12]．そこで，

$$x = x_0 e^{\alpha t}$$

のような指数関数が解になることが推定される [注 13]．この x を運動方程式に代入すると，

$$-Kx_0 e^{\alpha t} = m\alpha^2 x_0 e^{\alpha t}$$

となり，

$$\alpha = \pm i\sqrt{\frac{K}{m}}$$

となることがわかる．i は虚数単位である．以上より，$\omega = \sqrt{\dfrac{K}{m}}$ とおくと，

$$x = x_1 e^{i\omega t} + x_2 e^{-i\omega t}$$

が運動方程式の解になることがわかる．x_1, x_2 は初期条件によって決まる定数である [注 14]．

注 12 ここでは，x は独立変数ではなく，時間を引数とする関数である．

注 13 指数関数は何回微分しても指数関数である．

注 14 運動方程式には x を 2 回微分したものが入っているので，積分定数が 2 個現れる．また，$e^{\pm i\omega t}$ の一方だけをとるのは不自然であると物理学では考える．

　ここで，x は実数であるのに，複素数の和で表されているのは不便である．オイラーの公式

$$e^{\pm i\omega t} = \cos \omega t \pm i \sin \omega t$$

を用いて，

$$x = x_1{}' \cos \omega t + x_2{}' \sin \omega t$$

注 15　正弦関数は 2 回微分すると正弦関数に戻る．余弦関数も同様である．

と表す場合も多い [注 15]．ただし，$x_1{}' = x_1 + x_2$，$x_2{}' = i(x_1 - x_2)$ である．$x_1{}'$，$x_2{}'$ は初期条件に応じて決まる．例えば，質点を $x = x_0$ まで動かして時刻 $t = 0\,\mathrm{s}$ にはなす場合は，$x_1{}' = x_0$，$x_2{}' = 0\,\mathrm{m}$ となる．

例題 6.8　単振動を考える．以下の初期条件のときに $x(t) = x_1 e^{i\omega t} + x_2 e^{-i\omega t}$ の x_1 と x_2 を求めよ．また，$x(t) = x_1{}' \cos \omega t + x_2{}' \sin \omega t$ と表すときの $x_1{}'$ と $x_2{}'$ も求めよ．

(1)　$t = 0\,\mathrm{s}$ のときに $x = x_0$，$\omega t = \pi/2$ のときに $x = 0\,\mathrm{m}$.

(2)　$t = 0\,\mathrm{s}$ のときに $x = x_0$ で $v = \omega x_0$.

解　(1)　$t = 0\,\mathrm{s}$ のときに $x = x_0$ であるので，$x_1 + x_2 = x_0$.
$\omega t = \pi/2$ のときに $x = 0\,\mathrm{m}$ であるので，$ix_1 - ix_2 = 0\,\mathrm{m}$.
これらを連立して x_1 と x_2 を求めると，$x_1 = x_2 = \dfrac{x_0}{2}$ となる．一方，$x_1{}' = x_1 + x_2 = x_0$ で $x_2{}' = i(x_1 - x_2) = 0\,\mathrm{m}$ である．すなわち，

$$x(t) = \frac{x_0}{2} e^{i\omega t} + \frac{x_0}{2} e^{-i\omega t} = x_0 \cos \omega t.$$

(2)　$t = 0\,\mathrm{s}$ のときに $x = x_0$ であるので，$x_1 + x_2 = x_0$. $v = \dfrac{dx}{dt} = i\omega x_1 e^{i\omega t} - i\omega x_2 e^{-i\omega t}$ に $t = 0\,\mathrm{s}$ を代入すると，$i\omega x_1 - i\omega x_2 = \omega x_0$. すなわち，$x_1 - x_2 = -ix_0$. 連立して，$x_1$ と x_2 について解くと $x_1 = \dfrac{1 - i}{2} x_0$ と $x_2 = \dfrac{1 + i}{2} x_0$ が得られる．また，$x_1{}'$ と $x_2{}'$ を求めると，$x_1{}' = x_1 + x_2 = x_0$ と $x_2{}' = i(x_1 - x_2) = x_0$ が得られる．したがって，

$$x(t) = \frac{1 - i}{2} x_0 e^{i\omega t} + \frac{1 + i}{2} x_0 e^{i\omega t} = x_0 \cos \omega t + x_0 \sin \omega t$$

となる．

6.5　円運動と運動方程式

　原点に大きな質量 M の質点 M があり，その周囲を質量 m $(m \ll M)$

の^{注16} 質点 m が運動している場合を考える．質点 M が質点 m に及ぼす万有引力は，質点 m の位置ベクトルを $\vec{r}$ とすれば，

注16 $M \gg m$ は質点 M が静止していると見なすための仮定である．

$$\vec{F} = -G\frac{Mm}{r^2}\frac{\vec{r}}{r}$$

である．ただし，$r = |\vec{r}|$ とした．いま，運動が xy 面内であると仮定して，$\vec{F}$ の x, y 成分を考えると

$$F_x = -\frac{GMm}{r^3}x, \qquad F_y = -\frac{GMm}{r^3}y$$

となる．運動方程式の x, y 成分は，それぞれ

$$-\frac{GMm}{r^3}x = m\frac{d^2x}{dt^2}, \qquad -\frac{GMm}{r^3}y = m\frac{d^2y}{dt^2}$$

となる．原点からの距離が r_0 で一定の場合を考えることにすると，

$$-\frac{GMx}{r_0{}^3} = \frac{d^2x}{dt^2}, \qquad -\frac{GMy}{r_0{}^3} = \frac{d^2y}{dt^2}$$

となる．$\omega^2 = \dfrac{GM}{r_0^3}$ を導入すれば，

$$\frac{d^2x}{dt^2} = -\omega^2 x, \qquad \frac{d^2y}{dt^2} = -\omega^2 y$$

となり，それぞれの成分は単振動で考察した微分方程式と同じ形をしている．したがって，

$$x = x_1{}'\cos\omega t + x_2{}'\sin\omega t, \qquad y = y_1{}'\cos\omega t + y_2{}'\sin\omega t$$

と表すことができるはずである．ここで，$x_1{}', x_2{}', y_1{}', y_2{}'$ は初期条件で決まる定数である．時刻 $t = 0\,\mathrm{s}$ で x 軸上の点 $r_0(1, 0, 0)$ にいて，そのときの速度が $r_0\omega(0, 1, 0)$ であったとしよう．この場合，$x_1{}' = r_0$, $x_2{}' = 0\,\mathrm{m}$, $y_1{}' = 0\,\mathrm{m}$, そして $y_2{}' = r_0$ となる．すなわち，

$$x = r_0\cos\omega t, \qquad y = r_0\sin\omega t$$

となる．この微分方程式の解は，この質点が円運動を行うという仮定と矛盾しない点に注意すること．

　万有引力のもとでの惑星の運動は円軌道を含む楕円軌道になることが知られている．ただし，運動方程式の x, y 成分を考えるここでの方法で，楕円軌道を導くことは難しい．本書の集大成として，最終章で万有引力のもとではある条件の場合に楕円軌道を描くことを導く．

章末問題

問題 6.1♡ 図 6.12 のような 2 つの波（角速度 ω は同じ）の位相差 $\Delta\phi$ を求めよ．

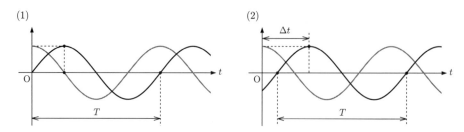

(1)

(2)

図 6.12 角速度の等しい波の位相差．

問題 6.2♡ 以下の問に答えよ．すべて，有効桁 2 桁で答えること．

(1) 半径 100 m の円周を時速 90 km/h でバイクが走っている．質量 100 kg のバイク（搭乗者の質量も含む）にはたらく向心力の大きさを求めよ．

(2) 半径 50 m の円周をバイクが走っている．バイクがこの円周を回転する周期は 20 s であった．質量 100 kg のバイク（搭乗者の質量も含む）にはたらく向心力の大きさを求めよ．

(3) 半径 50 m の円周をバイクが走っている．質量 100 kg のバイク（搭乗者の質量も含む）にはたらく向心力の大きさは 900 N であった．バイクの速さを求めよ．

(4) 円周をバイクが 30 m/s で走っている．質量 100 kg のバイク（搭乗者の質量も含む）にはたらく向心力の大きさは 1000 N であった．円周の半径を求めよ．

問題 6.3♡ 自然長が L でばね定数が k の軽いばねの一端を固定した．他端には質量 m のおもりをつけて，なめらかな水平面上で回転させた．回転角速度が ω のときのばねの伸びを求めよ．

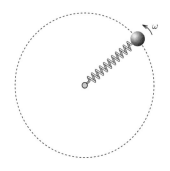

図 6.13 ばねで中心と結ばれたお
もりの円運動．

問題 6.4♡ 鉛直に立った半径 r_0 の円形の軌道を運動しているバイクがある．円形のレールの軌道の一番高いところで，軌道から離れないために必要なバイクの速さはいくらか？ 重力加速度の大きさを g とする．

問題 6.5♡　ターンテーブルの上に，質量 m の物体が回転の中心から r_0 だけ離れたところに置かれている．静止摩擦係数を μ とする．ターンテーブルは回転角速度を変化させることができる．

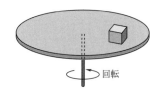

図 6.14　粗いターンテーブル上に置かれた物体．

(1)　ターンテーブルが水平に置かれている場合に，回転角速度を徐々に速くしていったときに，物体が滑りだす角速度を求めよ．

(2)　ターンテーブルの回転軸を鉛直方向から θ だけ傾けた．その場合の物体が滑りだす回転角速度を求めよ．

問題 6.6♡　バイクでカーブを曲がるときには，図 6.15 のように車体を傾けないとスムーズに曲がることができない．その理由をモデルを作って考えてみよう．バイクの速さは一定で v とし，カーブの半径は R，バイクの質量は運転者も含めて m とする．重力加速度は g である．

図 6.15　カーブを曲がるバイク．倒れんばかりに傾いている．

(1)　バイクの運転者から見た場合にはたらく力を挙げて，その間の力のつりあいを考えよ．車体を傾ける角度は鉛直方向から測って θ とする．

(2)　車体を傾ける角度を求めよ．

(3)　路面とタイヤの摩擦係数 μ が大きいほど，バイクは速くカーブを曲がることができる．摩擦係数が μ のときに，バイクが半径 R のカーブを曲がりきれる最大の速さ v を求めよ．

問題 6.7♡　自然長が L の軽いばねに質量 m のおもりをつり下げると，ばねは $L/2$ だけ伸びた．図 6.16 のように，ばねの一端を水平でなめらかな机から高さ L の点 P に固定し，机上でなめらかな机上で等速円運動させる．P を通る鉛直線とばねのなす角度を θ とする．重力加速度の大きさを g として，以下の問に答えよ．

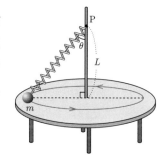

図 6.16　糸の代わりにばねを使った，水平な机面上の円錐振り子．

(1)　このばねのばね定数を求めよ．

(2)　角度 θ のときのばねの伸びを求めよ．

(3)　角度 θ のときの等速回転運動の向心力を求めよ．

(4)　角速度を求めよ．

(5)　角度 θ のとき，この質点への垂直抗力を求めよ．

(6)　回転運動の角速度を増やしていくと，質点は水平な机から浮く．このときの角度 θ を求めよ．

問題 6.8♡　長さ L の軽くて伸びない糸に質量 m のおもりをつけた単振り子を振幅 A で単振動させた．そのときの周期は T_0 であった．以下の変更を行ったときの周期を求めよ．

(1)　おもりの質量を $2m$ にする．

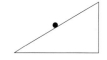

(2) 糸の長さを $4L$ にする.

(3) 振幅を $A/2$ にする.

(4) 重力加速度が地球上の $1/6$ の月面で単振動させる.

問題 6.9 ばね定数が $5.0 \times 10\,\mathrm{N/m}$ の軽いばねの一端を固定し,他端には質量 $2.0\,\mathrm{kg}$ のおもりをつけた水平ばね振り子を考える.自然長から $0.30\,\mathrm{m}$ だけ伸ばして,おもりを静かにはなした.摩擦はないものとして,以下の値を計算せよ.すべて,有効桁 2 桁で答えよ.

(1) 単振動の振幅.

(2) 単振動の周期.

(3) 単振動の振動数.

(4) おもりの速さの最大値.

(5) おもりの加速度の最大値.

問題 6.10 傾きが $30°$ の粗い斜面上にばね定数 k で自然長が L の軽いばねの一端を固定した.他端には質量 m のおもりをとりつける.ばねの長さを自然長にしてから,おもりを静かにはなすとおもりは斜面を下り始めた.物体と斜面の動摩擦係数は μ' (ただし,$\mu' < \dfrac{1}{\sqrt{3}}$) である.

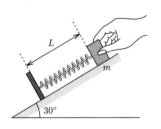

図 6.17 摩擦がある斜面で,ばねにつながれたおもりの運動.

(1) ばねの弾性力と重力の斜面に平行な成分の合力が,最初にゼロになるときのばねの長さを求めよ.以下では,この位置を座標の原点として,斜面下向きを正とした x 軸を考える.

(2) 斜面を下りていくときに,おもりにはたらく力を x の関数として求めよ.

(3) 物体の速さの最大値を求めよ.

◆——————— クラークの3法則 ———————◆

SF^{注 17} 作家アーサー．C．クラークは以下の3つの法則を提唱した．

注 17　サイエンス・フィクション

- 高名だが年配の科学者が可能であると言った場合，その主張はほぼ間違いない．また不可能であると言った場合には，その主張はまず間違っている．

- 可能性の限界を測る唯一の方法は，不可能であるとされることまでやってみることである．

- 十分に発達した科学技術は，魔法と見分けがつかない．

これらの法則について考えていこう．

　第1の法則の前半は，経験を積んだ科学者の洞察力の高さを評価したものである．一方，後半は，新しいことに挑戦する場合に，その経験が如何に邪魔になるかに言及していて，著者は非常に面白いと思う．この第1法則は，科学の世界では経験を積んでいない若手が重要な役割を果たすべきであることを意味している．

　第2法則こそ，若手研究者の存在の重要性を意味している．若手の研究者はその経験不足故に，「通常は不可能とされている」領域にまで「知らず」に踏み込んで実験してしまい，結果的に可能性の限界を拡張することに貢献してしまうことがある．また，この法則は「不可能と思われているから」行うことは無駄と思われるような研究でも，行うべき場合もあることを示唆している．2020年現在のように，短期間で成果を出すことを求められるような^{注 18} 日本の現状に危惧を感じるのは，著者だけではないであろう．

注 18　いいかえると，失敗を許す環境にない

　第3の法則について，著者は正にその通りだと思う．2020年現在のスマートフォン（スマホ）は，著者には本当に魔法のように感じられる．スマホのカメラを通して周囲を見れば，そこには存在するはずのないモンスターがいたりして，現実と空想の世界が融合している．囲碁の名人に勝利した人工知能の技術もすばらしい（魔法的である）．スマホで視聴する YouTube の映像は，魔法使いの水晶球に映し出される映像といえるかもしれない．超強力なレーザーはドラゴンボールのかめはめ波だろうか？

　ディズニーは

　　If you can dream it, you can do it.

　　夢見ることができるなら，あなたはそれを実現できる．

と言ったそうだが，それは科学の世界でも当てはまるかもしれない．今日の技術はすべて過去の人が夢見たものであろう^{注 19}．そして，今の科学の「夢」は，近い将来の現実なのだろう．そのためにも，特に若手研究者が「夢見る」（失敗する）ことが許されるようになるべきだと思う．

注 19　例えば，飛行機や潜水艦，宇宙船など．

◆—————————————————————————◆

7 仕事と力学的エネルギー

仕事とエネルギーという物理量を導入して，その間の関係を学ぶ．日常的に使われる仕事やエネルギーという言葉（素朴概念）と，物理学で用いる厳密に定義された用語の違いに注意しよう．

7.1 仕事♡

物体に力を加えて，力の向きに物体を移動させたとき，力が**仕事**をしたという．物体に大きさ F〔N〕の力を加え，力の向きに距離 s〔m〕だけ移動させたとき，力が物体にした仕事 W を

$$W = Fs \tag{7.1}$$

と定義する．その単位はジュール（記号 J）[注1] である．

力の向きと移動の向きが異なる場合は，図 7.2 のように，移動する方向の力の成分だけが仕事を行うので[注2]，

$$W = Fs\cos\theta \tag{7.2}$$

となる．ここで θ の値によっては，物体に力が加えられていて物体が移動しても，仕事はゼロや負になる場合がある．

(a) 力と移動距離

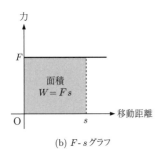

(b) F-s グラフ

図 7.1 力と仕事.

注1 　$1\,\mathrm{N} \times 1\,\mathrm{m} = 1\,\mathrm{J}$. Jはジュールと読む.

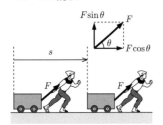

図 7.2 力と仕事.

注2 　力の方向への移動距離を考えても同じ結果になる.

例題 7.1 以下の力が行う仕事を求めよ．

(1) 質量 $1.0 \times 10\,\mathrm{kg}$ の物体を x 軸の正の向きで大きさ $1.0 \times 10\,\mathrm{N}$ の力で押して，x 軸の正の向きに距離 $5.0\,\mathrm{m}$ だけ動かした．

(2) 質量 $3.0\,\mathrm{kg}$ の物体を x 軸の正の向きから上向きに角度 $60.0°$ で大きさ $1.0 \times 10\,\mathrm{N}$ の力で引っ張って，x 軸の正の向きに距離 $5.0\,\mathrm{m}$ だけ動かした．

(3) 水平面からの角度が $60.0°$ の斜面がある．物体を斜面に沿った向きで大きさ $6.0\,\mathrm{N}$ の力で斜面に沿って $3.0\,\mathrm{m}$ だけ動かした．

解 物体の質量は，これらの力が行う仕事には影響しない点に注意すること．

(1) $1.0 \times 10\,\mathrm{N} \cdot 5.0\,\mathrm{m} = 5.0 \times 10^1\,\mathrm{J}$

(2) $1.0 \times 10\,\mathrm{N} \times \cos 60.0° \cdot 5.0\,\mathrm{m} = 2.5 \times 10^1\,\mathrm{J}$

(3) $6.0\,\mathrm{N} \cdot 3.0\,\mathrm{m} = 1.8 \times 10^1\,\mathrm{J}$

斜面や動滑車を用いてものを引き上げるときには, 直接引き上げる場合より小さな力で持ち上げることができる. しかしながら, 同じ高さだけ引き上げるためには, 物体をより長い距離移動させなければならない. 一般に道具を用いて仕事をする場合, その道具の質量や摩擦が無視できるならば, 仕事の量は道具を用いても変化しない. これを, **仕事の原理**という.

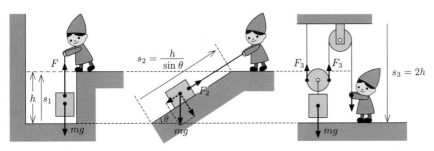

(a) 直接引き上げる場合   (b) 斜面を利用する場合   (c) 動滑車を利用する場合

図 7.3 仕事の原理. (a) 直接引き上げる場合の仕事は, $W = Fs_1 = Fh$, (b) 斜面を用いる場合は, $W = F_2 s_2 = F \sin\theta \dfrac{h}{\sin\theta}$, (c) 動滑車を用いると $W = F_3 s_3 = \dfrac{F}{2} 2h$ となり, すべて $W = Fh$ である.

単位時間あたりにする仕事のことを**仕事率**といい, 時間 $t\,\text{[s]}$ の間に仕事 W を行う場合, 仕事率 P は

$$P = \frac{W}{t}$$

で定義され, その単位はワット (記号は $\mathrm{W} = \mathrm{J/s}$) である[注3]. 一定の大きさの力 F を受け, 物体が一定の速さ $v\,\text{[m/s]}$ で運動している際にこの力がする仕事の仕事率は

$$P = \frac{W}{t} = \frac{Fs}{t} = F\frac{vt}{t} = Fv \tag{7.3}$$

となる.

注3 仕事を表す変数の W (斜体) と仕事率の単位である W (立体) を混同しないように.

例題 7.2 以下の力が行う仕事の仕事率を求めよ.

(1)   質量 $5.0\,\mathrm{kg}$ の物体を x 軸の正の向きに大きさ $1.0 \times 10\,\mathrm{N}$ の力で押している. そのとき, x 軸の正の向きに速度の大きさ $5.0\,\mathrm{m/s}$ で動いている.

(2) 質量 3.0 kg の物体を x 軸の正の向きから上向きに角度 60.0°, かつ大きさ 1.0×10 N の力で引っ張っている. そのとき, x 軸の正の向きに速度の大きさ 1.0×10 m/s で動いている.

(3) 水平面からの角度が 60.0° の斜面がある. 物体を, 斜面に沿った向き, かつ大きさ 6.0 N の力で引っ張っている. そのとき物体は速度の大きさ 3.0 m/s で動いている.

解 物体の質量は, これらの力が行う仕事の仕事率には影響しない点に注意すること.

(1) 1.0×10 N $\cdot$ 5.0 m/s $= 5.0 \times 10^1$ W

(2) 1.0×10 N $\times \cos 60.0°$ $\cdot$ 1.0 $\times 10$ m/s $= 5.0 \times 10^1$ W

(3) 6.0 N $\cdot$ 3.0 m/s $= 1.8 \times 10^1$ W

7.2　運動エネルギー♡

　運動している物体 A が静止している物体 B に衝突した際, A は B を動かすことができる. ここで B を動かすためには仕事が必要なので, A は仕事をする能力をもっていると考えなければならない. このように仕事をする能力をもつとき, **エネルギー**をもつという. したがって, エネルギーの単位も仕事と同じ J である. このように, 運動している物体がもつエネルギーを**運動エネルギー**という. 質量 m〔kg〕の物体が速さ v〔m/s〕で運動しているときに物体のもつ運動エネルギー K は

$$K = \frac{1}{2}mv^2 \tag{7.4}$$

である.

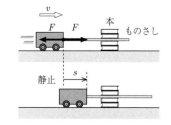

図 7.4　運動エネルギー.

注 4　単位は J.

注 5　単位は m/s^2.

　動いている物体のもつ「仕事をする能力の大きさ＝式 (7.4)」を, 図 7.4 のような本の間に質量の無視できるものさしを挟んだ装置を使って考えよう. このものさしを動かすためには, 摩擦力に抗してある力 F〔N〕が必要であり, またものさしが動いた距離 s〔m〕がわかれば, このものさしが受けた仕事は Fs[注 4]と求めることができる. 次に, 図のように, このものさしに質量 m で, 速度 v（右向きを正とする）の物体が衝突する場合を考える. この物体はものさしに一定の力 F を与えて, 動かしながら一体となって運動し, 最終的には静止する. この物体はものさしから $-F$ の力を受けることになり, その加速度は一定で, $-\dfrac{F}{m}$[注 5]である. 静止するまでにものさしが動く距離

は s なので，$0 - v^2 = 2\left(-\dfrac{F}{m}\right)s$ である．したがって，$Fs = \dfrac{1}{2}mv^2$ となり，物体のもつ仕事をする能力の大きさは $\dfrac{1}{2}mv^2$[注6] であることがわかる．

注6　単位は J.

例題 7.3　以下の物体の運動エネルギーを求めよ．

(1) プロの投手が投げた時速 1.6×10^2 km/h で質量 1.5×10^{-1} kg のボール．

(2) 時速 9.0×10 km/h で走行している質量 1.0 トンの自動車．

(3) 太陽の周囲を公転している地球．ただし，太陽系の運動や自転による運動エネルギーは考慮しない．

解　(1)　時速 1.6×10^2 km/h は $\dfrac{1.6 \times 10^5 \text{ m}}{60 \text{ min} \cdot 60 \text{ s/min}} = 4.44 \times 10$ m/s である．したがって，$\dfrac{1}{2}0.15 \text{ kg} \cdot (4.44 \times 10 \text{ m/s})^2 = 1.5 \times 10^2$ J である．

(2)　1.0 トンは 1.0×10^3 kg，時速 9.0×10 km/h は $\dfrac{9.0 \times 10^4 \text{ m}}{60 \text{ min} \cdot 60 \text{ s/min}} = 2.5 \times 10$ m/s である．したがって，$\dfrac{1}{2}1.0 \times 10^3 \text{ kg} \cdot (2.5 \times 10 \text{ m/s})^2 = 3.1 \times 10^5$ J である．

(3)　地球は，おおよそ半径 1.5×10^8 km の円軌道を 1 年かけて公転している．したがって，その速度はおおよそ $\dfrac{2\pi \cdot 1.5 \times 10^8 \text{ km}}{365 \text{ day} \cdot 24 \text{ h/day} \cdot 60 \text{ min/h} \cdot 60 \text{ s/min}} = 3.0 \times 10^4$ m/s である．一方，地球の質量はおおよそ 6.0×10^{24} kg なので，地球の公転による運動エネルギーは，$\dfrac{1}{2}6.0 \times 10^{24} \text{ kg} \cdot (3.0 \times 10^4 \text{ m/s})^2 = 2.7 \times 10^{33}$ J である．

運動している物体が運動の方向に力を受けると，その物体は仕事 W〔J〕をされることになる．一方，物体の速さは v から v'〔m/s〕に変わる．これらの量の間には[注7]，

$$\frac{1}{2}mv'^2 - \frac{1}{2}mv^2 = W \tag{7.5}$$

の関係が成り立つ[注8]．

注7　物体の運動エネルギーの変化は，その変化の間にされた仕事に等しいことを意味している．

注8　一定の大きさの力を受けるのではない場合でも，この関係は成り立つ．

例題 7.4　式 (7.5) を図 7.4 を参考に証明せよ．初速度 v で質量 m の物体がものさしから一定の力を受けて速度 v' になるとして考察せよ．

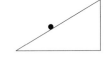

> **解** 物体がものさしに一定の力 F を与えながら一体となって動くと仮定する. 作用・反作用の法則より, 物体は $-F$ の力を受けて等加速度 $-\dfrac{F}{m}$ で運動を行うことになる. そして, 物体の速度が v' になったときに, ものさしを除く. $v'^2 - v^2 = 2\left(-\dfrac{F}{m}\right)s$ より, その間に動く距離 s は
>
> $$s = -\frac{1}{2}\frac{m}{F}(v'^2 - v^2)$$
>
> で与えられる. 一方, 物体が受ける仕事 W は,
>
> $$W = -Fs = -F\left(-\frac{1}{2}\frac{m}{F}(v'^2 - v^2)\right) = \frac{1}{2}m\left(v'^2 - v^2\right)$$
>
> となる. 以上により, 式 (7.5) は示された.

7.3 位置エネルギー ♡

　ジェットコースターを考えよう. 最初高いところにあるジェットコースターは静止しているが, 低いところでは速く運動している. 低いところでは運動エネルギーをもっているわけで, 高いところにあるジェットコースターもなんらかのエネルギーをもっていると考えられる. このようなエネルギーを**重力による位置エネルギー**という. ある基準面から高さ h〔m〕にある質量 m〔kg〕の物体がもつ重力による位置エネルギー U〔J〕は,

$$U = mgh \tag{7.6}$$

となる. ただし, g〔m/s^2〕は重力加速度の大きさである. 高さ h にある物体を自由落下させると, 高さ 0 m に達したときの速さ v〔m/s〕は, $\dfrac{1}{2}gt^2 = h$ と $v = gt$ を連立させることにより, $v = \sqrt{2gh}$ と求まることからわかる. この重力による位置エネルギーは, 重力に逆らって物体を持ち上げる仕事に相当するエネルギーがたくわえられたと考えることができる.

　ピンボールでは, ばねを縮めてはなすとボールに運動エネルギーを与えることができる. 重力の位置エネルギーと同様に, ばねが縮んだ状態はエネルギーをもっていると考えることができ, このエネルギーを**弾性エネルギー**という. 特に, ばねの長さ（ばねの端の位置）に注目すると, **弾性力による位置エネルギー**ということもできる.

　一端は固定され, もう一端には質量 m のおもりがついたばねを考えよう. このばねのばね定数を k〔N/m〕とし, ばねの長さを自然長から x_0〔m〕だけ伸ばした後[注9], 静かにはなす. すでに, 第6章で議論したように, おも

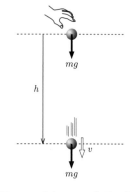

図 7.5 重力による位置エネルギー.

注9　縮める場合も同様に考えることができる.

りは単振動を行い, $x = 0\,\mathrm{m}$ での速さは $\sqrt{\dfrac{k}{m}}\, x_0$ である[注10,11]. したがっ

て, このときの運動エネルギーは $\dfrac{1}{2}m\left(\sqrt{\dfrac{k}{m}}\, x_0\right)^2 = \dfrac{1}{2}kx_0{}^2$ となる.

一方, おもりをはなす前の x_0 だけ変化させた後の弾性力による位置エネルギー U は, x_0 だけばねを伸ばす過程を n 回に分割し $n \to \infty$ の極限をとることによって求める. 図 7.6 より

$$U = \sum_{i=1}^{n} F_i \Delta x = \sum_{i=1}^{n}(k\Delta x\, i)\Delta x = k(\Delta x)^2 \sum_{i=1}^{n} i = k(\Delta x)^2 \frac{n(n+1)}{2}$$

$$= \frac{1}{2}kx_0 \cdot (x_0 + \Delta x) \to \frac{1}{2}kx_0{}^2 \tag{7.7}$$

である. この弾性力による位置エネルギーは, 弾性力に逆らってばねを伸ばす仕事に相当するエネルギーがたくわえられたと考えることができる.

> **例題 7.5**　以下の位置エネルギーを求めよ. ただし, 重力加速度の大きさを $g = 9.8\,\mathrm{m/s^2}$ とする.
>
> (1) 地面を基準にして高さ $5.0\,\mathrm{m}$ の位置にある, 質量 $5.0\,\mathrm{kg}$ の物体がもつ重力の位置エネルギー.
>
> (2) 高さ $1.00 \times 10^2\,\mathrm{m}$ のビルの屋上から測定して $2.0\,\mathrm{m}$ の高さに $1.0 \times 10^1\,\mathrm{kg}$ の物体がある. 屋上を基準にしたとき, この物体の重力の位置エネルギー.
>
> (3) 地下 $5.0\,\mathrm{m}$ にある質量 $5.0\,\mathrm{kg}$ の物体の地面を基準にした重力の位置エネルギー.
>
> (4) ばね定数 $1.0 \times 10^2\,\mathrm{N/m}$ のばねを $1.0\,\mathrm{cm}$ 伸ばしたときのばねの伸びに関する位置エネルギー.
>
> (5) ばね定数 $1.0 \times 10^2\,\mathrm{N/m}$ のばねを $1.0\,\mathrm{cm}$ 縮めたときのばねの伸びに関する位置エネルギー.
>
> **解**　重力の位置エネルギーは基準点からの高さを h として, mgh と表されることに注意. また, ばねの伸び x に対する位置エネルギーは, そのばねのばね定数を k とすると, $\dfrac{1}{2}kx^2$ である.
>
> (1) $5.0\,\mathrm{kg} \cdot (9.8\,\mathrm{m/s^2}) \cdot 5.0\,\mathrm{m} = 2.5 \times 10^2\,\mathrm{J}$
>
> (2) $1.0 \times 10^1\,\mathrm{kg} \cdot (9.8\,\mathrm{m/s^2}) \cdot 2.0\,\mathrm{m} = 2.0 \times 10^2\,\mathrm{J}$
>
> (3) $5.0\,\mathrm{kg} \cdot (9.8\,\mathrm{m/s^2}) \cdot (-5.0\,\mathrm{m}) = -2.5 \times 10^2\,\mathrm{J}$
>
> (4) $\dfrac{1}{2}(1.0 \times 10^2\,\mathrm{N/m})(1.0 \times 10^{-2}\,\mathrm{m})^2 = 5.0 \times 10^{-3}\,\mathrm{J}$
>
> (5) $\dfrac{1}{2}(1.0 \times 10^2\,\mathrm{N/m})(-1.0 \times 10^{-2}\,\mathrm{m})^2 = 5.0 \times 10^{-3}\,\mathrm{J}$

注10　単振動の場合, v の最大値は振幅と角速度の積である.

注11　$\omega = \sqrt{\dfrac{k}{m}}$ である.

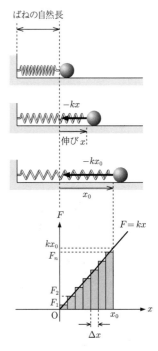

図 7.6　弾性力による位置エネルギーとばね定数.

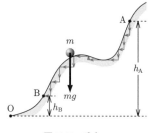

図 7.7 重力.

力が物体にする仕事 W〔J〕が途中の経路によらず,始めの点 A と終わりの点 B の位置だけで

$$W = U_B - U_A \tag{7.8}$$

のように決まるとき,その力を**保存力**という.また,U_A を位置 A での**位置エネルギー**という.

保存力の典型的なものとしては,重力が挙げられる.図 7.7 のように任意の経路で移動する場合も,鉛直方向の微小な移動と水平方向の微小な移動の繰り返しと考えることができる.水平方向の移動で重力は仕事をしないので,点 A から点 B への移動の際に重力がする仕事は鉛直方向の移動のみを考えて,$W_{A \to B} = mg(h_A - h_B)$ となる.

図 7.8 ジェットコースター.

7.4　力学的エネルギー保存の法則♡

物体が保存力だけから仕事をされる場合,その運動エネルギー K〔J〕と位置エネルギー U〔J〕の和(力学的エネルギー)は一定に保たれ,

$$E = K + U = \text{一定} \tag{7.9}$$

と表される.これを,**力学的エネルギー保存の法則**という.力学的エネルギー保存の法則が成り立つ例を挙げよう.

- 摩擦のない斜面を運動する物体

　　質量 m〔kg〕の物体が高さ h〔m〕のところにあり,その速さが v〔m/s〕のとき,

$$\frac{1}{2}mv^2 + mgh = \text{一定}$$

となる.近似的にはジェットコースターなどが挙げられる.

- 振り子

　　張力は常に速度と直交するので,張力がおもりに行う仕事はゼロである.重力も保存力なので

$$\frac{1}{2}mv^2 + mgh = \text{一定}$$

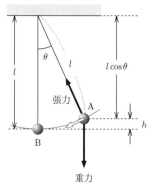

図 7.9 単振り子.

となる.糸の振れ角を θ とすると $h = l(1 - \cos\theta)$ となる.l〔m〕は糸の長さである.したがって

$$\frac{1}{2}mv^2 + mgl(1 - \cos\theta) = \text{一定}$$

となる.

- 水平に置かれたばね振り子（図 7.10）

  自然長のとき，$x = 0\,\mathrm{m}$ とする．

  $$\frac{1}{2}mv^2 + \frac{1}{2}kx^2 = \text{一定}$$

- 鉛直につるしたばね振り子（図 7.11）

  鉛直下向きに x 軸をとり，自然長のとき，$x = 0\,\mathrm{m}$ とする．

  $$\frac{1}{2}mv^2 + \frac{1}{2}kx^2 - mgx = E_0(\text{一定})$$

  おもりをつるしたときのばねの伸びを $x = x_0$ とすると[注12]，

  $$\frac{1}{2}mv^2 + \frac{1}{2}k(x - x_0)^2 = E_0 + \frac{1}{2}kx_0{}^2$$

  と書くこともできる．ただし，$E_0 + \dfrac{1}{2}kx_0{}^2$ も定数である．$X = x - x_0$ とすると，

  $$\frac{1}{2}mv^2 + \frac{1}{2}kX^2 = \text{一定}$$

  のように水平に置かれたばね振り子と同じ形になる．また，$v = \dfrac{dx}{dt} = \dfrac{dX}{dt}$ である．

摩擦力などの保存力以外の力がはたらく場合，力学的エネルギー保存の法則は成り立たなくなる．

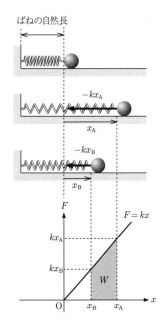

図 7.10 水平ばね振り子.

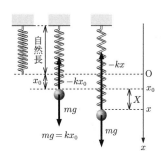

図 7.11 垂直ばね振り子.

注 12 $mg = kx_0$ である.

例題 7.6 以下の問題を力学的エネルギー保存の法則を使って答えよ．ただし，重力加速度の大きさを g とする．

(1) 高さ h にある質量 m の物体を自由落下させた．高さ $0\,\mathrm{m}$ における速度の大きさを求めよ．

(2) ばね定数 k のばねが水平に置かれている．その先端に質量 m の物体をつけて x_0 だけ伸ばして静かにはなした．ばねの伸びが $0\,\mathrm{m}$ になったとき，物体の速度の大きさを求めよ．また，ばねが x_0 だけ縮んだときの物体の速度を求めよ．ただし，ばねの質量は無視できるものとする．

(3) 長さ l の糸に質量 m のおもりをつけた単振り子を考える．鉛直から角度 θ だけ持ち上げた後，静かにはなした．最下点におけるおもりの速度の大きさを求めよ．

解 (1) $0 + mgh = \dfrac{1}{2}mv^2 + 0$ より，$v = \sqrt{2gh}$ となる．

(2) $0 + \dfrac{1}{2}kx_0{}^2 = \dfrac{1}{2}mv^2 + 0$ より，$v = x_0\sqrt{\dfrac{k}{m}}$ となる．ばねの長さが x_0 だけ縮んだときのばねのもつエネルギーは，

> $\dfrac{1}{2}k(-x_0)^2 = \dfrac{1}{2}kx_0{}^2$ である．したがって，運動エネルギーはゼロであり，速度はゼロである．
>
> (3)　持ち上げたときのおもりの高さは最下点を基準にして $l(1 - \cos\theta)$ である．したがって，$0 + mgl(1 - \cos\theta) = \dfrac{1}{2}mv^2 + 0$ となり，$v = \sqrt{2gl(1 - \cos\theta)}$ が得られる．

7.5　ベクトルの内積

　内積について復習しよう．内積は 2 つのベクトルからスカラー値を得る 2 項演算[13] の 1 つである．

注13　2 つの項（ここでは，ベクトル $\vec{a}, \vec{b}$）が関与するので，2 項演算という．x に $-x$ を対応させるような演算は 1 項演算である．

　2 つのベクトル $\vec{a} = (a_x, a_y, a_z)$, $\vec{b} = (b_x, b_y, b_z)$ があるとき，

$$\vec{a} \cdot \vec{b} = a_x b_x + a_y b_y + a_z b_z \tag{7.10}$$

によって内積が定義される．

　内積計算において重要なルールを挙げる．ここで α は実数である．

(1)　$\vec{a} \cdot \vec{b} = \vec{b} \cdot \vec{a}$

(2)　$(\alpha\vec{a}) \cdot \vec{b} = \vec{a} \cdot (\alpha\vec{b}) = \alpha(\vec{a} \cdot \vec{b})$

(3)　$\vec{a} \cdot (\vec{b} + \vec{c}) = \vec{a} \cdot \vec{b} + \vec{a} \cdot \vec{c}$

　この内積を用いて，ベクトル $\vec{a}$ の大きさ $|\vec{a}|$ を

$$|\vec{a}| = \sqrt{\vec{a} \cdot \vec{a}} \tag{7.11}$$

と定義する．$|\vec{a}| = \sqrt{a_x^2 + a_y^2 + a_z^2}$ となり，我々の通常のベクトルの大きさの定義と同じになる．さらに，2 つのベクトル $\vec{a}, \vec{b}$ があったとき，図 7.12 のように $\vec{a}$ の $\vec{b}$ への射影を作って，その射影と $|\vec{b}|$ との積が内積となる．これは，$\vec{b} = (b_x, 0, 0)$ の場合[14] を考えると，$\vec{a} \cdot \vec{b} = a_x b_x$ となることから明らかである．この図と余弦関数の定義から

$$\vec{a} \cdot \vec{b} = |\vec{a}||\vec{b}|\cos\theta$$

であることがわかる．ここで，θ はベクトル $\vec{a}, \vec{b}$ のなす角度である[15]．

　さらに，辺の長さが $|\vec{a}|, |\vec{b}|, |\vec{a} - \vec{b}|$ となる三角形を考えると，

$$|\vec{a} - \vec{b}|^2 = (\vec{a} - \vec{b}) \cdot (\vec{a} - \vec{b}) = |\vec{a}|^2 + |\vec{b}|^2 - 2\vec{a} \cdot \vec{b}$$

となる．$\vec{a} \cdot \vec{b} = |\vec{a}||\vec{b}|\cos\theta$ であるから，余弦定理が得られる．

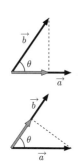

図 7.12　$\vec{a}$ の $\vec{b}$ への射影（下）と $\vec{b}$ の $\vec{a}$ の射影（上）．

注14　$\vec{b}$ の成分表示が $(b_x, 0, 0)$ になるような座標系をとる．

注15　$\vec{b}$ の $\vec{a}$ への射影を作っても同じである．

図 7.13　余弦定理．

例題 **7.7**　以下の内積計算を行え.

(1)　$(1,0,1) \cdot (0,1,0)$

(2)　$(1,1,1) \cdot (1,0,0)$

(3)　$(5,1,1) \cdot (2,0,1)$

(4)　$(0,0,3) \cdot (1,1,1)$

解　(1)　$(1,0,1) \cdot (0,1,0) = 0$

(2)　$(1,1,1) \cdot (1,0,0) = 1$

(3)　$(5,1,1) \cdot (2,0,1) = 10 + 1 = 11$

(4)　$(0,0,3) \cdot (1,1,1) = 3$

例題 **7.8**　以下の 2 つのベクトルの間の角度を θ として, $\cos\theta$ を求めよ.

(1)　$(1,0,1)$ と $(0,1,0)$

(2)　$(1,1,1)$ と $(1,0,0)$

(3)　$(5,1,1)$ と $(2,0,1)$

(4)　$(0,0,3)$ と $(1,1,1)$

解　$\cos\theta = \dfrac{\vec{a} \cdot \vec{b}}{|\vec{a}||\vec{b}|}$ を用いる.

(1)　$\cos\theta = \dfrac{(1,0,1) \cdot (0,1,0)}{|(1,0,1)|\,|(0,1,0)|} = 0$

(2)　$\cos\theta = \dfrac{(1,1,1) \cdot (1,0,0)}{|(1,1,1)|\,|(1,0,0)|} = \dfrac{1}{\sqrt{3}} = \dfrac{\sqrt{3}}{3}$

(3)　$\cos\theta = \dfrac{(5,1,1) \cdot (2,0,1)}{|(5,1,1)|\,|(2,0,1)|} = \dfrac{11}{3\sqrt{3}\sqrt{5}} = \dfrac{11\sqrt{15}}{45}$

(4)　$\cos\theta = \dfrac{(0,0,3) \cdot (1,1,1)}{|(0,0,3)|\,|(1,1,1)|} = \dfrac{3}{3\sqrt{3}} = \dfrac{\sqrt{3}}{3}$

7.6　仕事と仕事率

高校では仕事を $Fs\cos\theta$ のように定義したが, 内積を用いると

$$\vec{F} \cdot \Delta\vec{r}$$

と表すことができる. ここで, $\Delta\vec{r}$ は力 $\vec{F}$ を受けて動いた質点の変位を表すベクトルである. これを一般化して, 質点をある経路 C に沿って, 力 $\vec{F}(\vec{r})$

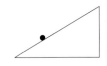

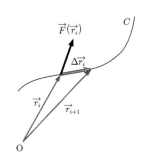

図 7.14　経路 C に沿っての仕事.

を作用させて，図 7.14 のように動かす場合を考える．その力による仕事 W は，i 番目の微小区間の仕事 W_i の和

$$W = \lim_{N \to \infty} \sum_{i=1}^{N} W_i$$

$$= \lim_{N \to \infty} \sum_{i=1}^{N} \vec{F}(\vec{r}_i) \cdot (\vec{r}_{i+1} - \vec{r}_i)$$

$$= \lim_{N \to \infty} \sum_{i=1}^{N} \vec{F}(\vec{r}_i) \cdot \frac{\vec{r}_{i+1} - \vec{r}_i}{\Delta_i} \Delta_i$$

$$= \int_C \vec{F}(\vec{r}) \cdot \vec{t}(\vec{r}) \, dr \tag{7.12}$$

として定義される．ただし，

$$\Delta_i = |\vec{r}_{i+1} - \vec{r}_i|$$

で，$\vec{t}(\vec{r})$ は $\vec{r}(t)$ における経路 C の接線に平行な大きさ 1 のベクトルで

$$\vec{t}(\vec{r}) = \lim_{\vec{r}_{i+1} \to \vec{r}_i} \frac{\vec{r}_{i+1} - \vec{r}_i}{|\vec{r}_{i+1} - \vec{r}_i|} = \lim_{\Delta_i \to 0} \frac{\vec{r}_{i+1} - \vec{r}_i}{\Delta_i}$$

である．また，

$$\int_C \vec{F}(\vec{r}) \cdot \vec{t}(\vec{r}) \, dr = \int_C \vec{F}(\vec{r}) \cdot d\vec{r}$$

と略記されることが多い．このような積分をある経路（線）に沿っての積分であるので，線積分と呼ぶ．

　具体的な例を考えよう．鉛直上向きを z 軸の正の向きとする．重力のもとで物体を低い場所から高い場所に静かに持ち上げる場合（図 7.15 参照）には，持ち上げるために必要な力は場所によらず一定で，その大きさは重力 $mg(0,0,-1)$ と等しく向きは逆向きと考えることができる[注16]．すなわち，$\vec{F} = mg(0,0,1)$ である．この場合，

$$W_i = mg(0,0,1) \cdot (\vec{r}_{i+1} - \vec{r}_i) = mg(z_{i+1} - z_i)$$

となり，仕事は

$$W = \lim_{N \to \infty} \sum_{i=1}^{N} mg(z_{i+1} - z_i)$$

$$= mg(z_2 - h_1) + mg(z_3 - z_2) + \dots$$

$$+ mg(z_{N-1} - z_{N-2}) + mg(h_2 - z_{N-1})$$

$$= mg(h_2 - h_1) \tag{7.13}$$

となる．

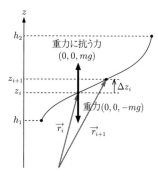

図 7.15　重力に抗して質量 m の物体を h_1 から h_2 まで持ち上げるために必要な仕事.

注 16　完全に等しければ，力がつりあっているわけで，物体は動くことができない．しかし，物体の運動の加速度が非常に小さい場合には，ほぼ等しいと近似できる．このような動かし方を**準静的**という．

この仕事の定義は，日常の「仕事」の感覚とは一致しない点もあるので注意が必要である．例えば，上の例であるが，高いところから低いところに物体を移動させる場合には，$h_2 - h_1 < 0$ m なので，物体を支えている力が行う仕事は負になってしまう[注17]．また，ある荷物を持って（支えて）歩いても，その荷物を支える力は移動方向とは垂直なので，内積の定義から仕事は 0 J になる．

単位時間あたりの仕事を仕事率と呼び，P という記号を用いることが多い．例えば，質点が $\vec{r}_i$ から $\vec{r}_{i+1}$ へ移動する間の仕事率 P_i は，

$$P_i = \frac{W_i}{\delta_i} = \vec{F}_i \cdot \frac{\vec{r}_{i+1} - \vec{r}_i}{\delta_i} \tag{7.14}$$

となる．ただし，質点が $\vec{r}_i$ から $\vec{r}_{i+1}$ へ移動するのに要する時間を δ_i としている．ここで $\delta_i \to 0$ の極限を考えると，

$$P(t) = \frac{dW(t)}{dt} = \vec{F}(t) \cdot \vec{v}(t) \tag{7.15}$$

となる．

例題 7.9 物体を位置 $\vec{r} = (x, y, z)$ に置くと，位置に依存した力 $\vec{F}(\vec{r}) = \alpha(x, y, z)$ を受ける．ただし，α の単位は N/m である．以下の計算を行え．

(1) 座標 $\vec{r}_1 = x_0(1, 0, 0)$ から $\vec{r}_2 = y_0(0, 1, 0)$ までを結ぶ直線上を動かしたときに，この力がする仕事を求めよ．

(2) 座標 $\vec{r}_1 = r_0(1, 0, 0)$ から $\vec{r}_2 = r_0(0, 1, 0)$ まで原点を中心とする xy 面内の円弧上を動かしたときに，この力がする仕事を求めよ．

解 (1) $\vec{r}_1$ と $\vec{r}_2$ を結ぶ線分上の点は s を 0 から 1 まで変化する変数として，$\vec{r}(s) = \vec{r}_1 + (\vec{r}_2 - \vec{r}_1)s = (x_0(1-s), y_0 s, 0)$ と表すことができ，$\dfrac{d\vec{r}(s)}{ds} = \vec{r}_2 - \vec{r}_1$ である．

$$W = \int_0^1 \vec{F}(\vec{r}_1 + (\vec{r}_2 - \vec{r}_1)s) \cdot (\vec{r}_2 - \vec{r}_1)\, ds$$

$$= \int_0^1 \alpha\, (x_0(1-s), y_0 s, 0) \cdot (-x_0, y_0, 0)\, ds$$

$$= \alpha \int_0^1 \left(-x_0{}^2(1-s) + y_0{}^2 s\right) ds$$

$$= \alpha \int_0^1 -x_0{}^2 t\,(-dt) + \alpha \int_0^1 y_0{}^2 s\, ds$$

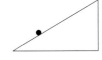

$$= \alpha \int_0^1 (y_0{}^2 - x_0{}^2) \, s \, ds$$

$$= \frac{\alpha}{2} (y_0{}^2 - x_0{}^2)$$

(2) $\vec{r_1}$ と $\vec{r_2}$ を結ぶ円弧上の点は θ を 0 から $\pi/2$ まで変化する変数として $\vec{r}(\theta) = r_0(\cos\theta, \sin\theta, 0)$ と表すことができ，$\dfrac{d\vec{r}(\theta)}{d\theta} = r_0(-\sin\theta, \cos\theta, 0)$ である．

$$W = \int_0^{\pi/2} \vec{F}(\vec{r}(\theta)) \cdot d\vec{r}(\theta)$$

$$= \int_0^{\pi/2} \alpha r_0(\cos\theta, \sin\theta, 0) \cdot r_0(-\sin\theta, \cos\theta, 0) \, d\theta$$

$$= \alpha r_0{}^2 \int_0^{\pi/2} (-\cos\theta\sin\theta + \sin\theta\cos\theta) \, d\theta$$

$$= 0 \, \mathrm{J}$$

例題 7.10　以下の力が行う仕事の仕事率を計算せよ.

(1) x 軸上を正の向きに速度 v_0 で運動している物体に，x 軸の正の向きに大きさ F の力が作用している．

(2) x 軸上を正の向きに速度 v_0 で運動している物体に，力 $\vec{F} = (F_x, F_y, F_z)$ が作用している．

(3) 等速円運動を行っている物体に向心力が作用している．

解　(1)　Fv_0 である．

(2)　速度ベクトルは $v_0(1, 0, 0)$ であるので，$\vec{F} \cdot \vec{v} = F_x v_0$ となる．

(3)　向心力と速度ベクトルは直交しているので，仕事率は $0 \, \mathrm{W}$ である．

注 18　空間の各位置において作用する力は，その質点をそこから運動させたときの加速度を測定することによって，知ることができる．

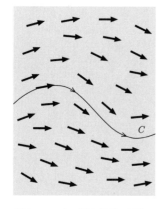

図 7.16　力の場と運動の経路.

注 19　加速度が無視できるぐらいゆっくりと動かすならば，$\vec{F'}(\vec{r}) = -\vec{F}(\vec{r})$ と近似できる．

7.7　保存力

質量 m の質点を考え，その質点の位置の関数として，その質点に作用する力 $\vec{F}(\vec{r})$ が定まっているような空間 [注 18] を考えよう．場所毎に力が定まっているので，このような空間のことを「力の場」という．そのような空間で，その力に抗して力 $\vec{F'}(\vec{r})$ を作用させて，質点をある経路 C に沿ってゆっくりと動かした場合 [注 19]，一般に $\vec{F'}(\vec{r})$ の行う仕事は経路 C に依存して変化

する．ところが，特殊な場合として，この仕事が経路 C に依存せず，始点と終点のみに依存するような力の場が存在する．このような力の場にはたらいている力 $\vec{F}(\vec{r})$ を保存力という．

任意の 2 つの経路 C_1, C_2 を考えよう．上で述べたことを数式で表現すると，

$$\int_{C_1} \vec{F'}(\vec{r'}) \cdot d\vec{r'} = \int_{C_2} \vec{F'}(\vec{r'}) \cdot d\vec{r'}$$

となり，これは

$$\int_{C_1} \vec{F'}(\vec{r'}) \cdot d\vec{r'} + \int_{-C_2} \vec{F'}(\vec{r'}) \cdot d\vec{r'} = 0\,\text{J}$$

と等価である．ただし，経路 $-C_2$ は経路 C_2 を逆向きに動くような経路である．ここで新たに経路 C_1 と $-C_2$ を 1 つにまとめると，始点と終点が同じ循環的な経路 C を考えることができ，

$$\int_C \vec{F'}(\vec{r'}) \cdot d\vec{r'} = 0\,\text{J} \tag{7.16}$$

となる．いいかえると，任意の C に対してこの式が成り立てば，力 $\vec{F}(\vec{r})$ は保存力である．力 $\vec{F'}(\vec{r})$ は測定可能である．この測定可能な量によって，力 $\vec{F}(\vec{r})$ が保存力であるかどうかを判定できることが重要である．

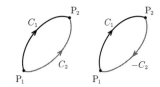

図 **7.17**　保存力 $\vec{F}(\vec{r})$ の場の中で，ゆっくりと動かす場合の外力 $\vec{F'}(\vec{r})$ がなす仕事．

7.8　偏微分（偏導関数）：多変数の関数への微分の拡張 ──●

まず，2 変数の関数を考えよう．この場合は，地形図のように座標 (x, y) を定めると高さ $h(x, y)$ が決まるような関数を考えるとわかりやすい．地形における傾きはどのような向きを考えるかによって，異なる場合があるのは明らかである．そこで，どちら方向の傾きか（どちら方向の微分か）を考える必要がある．それを以下のように定義しよう[注20]．

$$\frac{\partial h}{\partial x} = \lim_{\Delta x \to 0} \frac{h(x + \Delta x, y) - h(x, y)}{\Delta x}$$

$$\frac{\partial h}{\partial y} = \lim_{\Delta y \to 0} \frac{h(x, y + \Delta y) - h(x, y)}{\Delta y}$$

3 変数の関数 $u = u(x, y, z)$ の場合には，上の考えを拡張して，$\frac{\partial u}{\partial x}, \frac{\partial u}{\partial y}, \frac{\partial u}{\partial z}$ を以下のように定義する．

$$\frac{\partial u}{\partial x} = \lim_{\Delta x \to 0} \frac{u(x + \Delta x, y, z) - u(x, y, z)}{\Delta x}$$

$$\frac{\partial u}{\partial y} = \lim_{\Delta y \to 0} \frac{u(x, y + \Delta y, z) - u(x, y, z)}{\Delta y}$$

$$\frac{\partial u}{\partial z} = \lim_{\Delta z \to 0} \frac{u(x, y, z + \Delta z) - u(x, y, z)}{\Delta z}$$

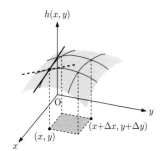

図 **7.18**　2 変数関数の偏微分の概念図．実線は x 軸方向の傾きを表す直線で，点線は y 軸方向の傾きを表す直線である．

注 20　以下のように略記することもある．$\partial_i = \frac{\partial}{\partial i}$，ただし $i = x, y, z$ である．

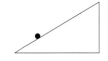

このような演算を偏微分と呼ぶ.

例題 7.11　以下の偏微分を行え. ただし, $r = \sqrt{x^2 + y^2 + z^2}$ である.

(1)　$\partial_x xyz$

(2)　$\partial_y(x^2 + y^2 + xy)$

(3)　$\partial_x r$

(4)　$\partial_x r^{-1}$

解　(1)　$\partial_x xyz = yz$

(2)　$\partial_y(x^2 + y^2 + xy) = 2y + x$

(3)　$\partial_x r = \dfrac{\partial \sqrt{x^2 + y^2 + z^2}}{\partial x} = \dfrac{1}{2}(x^2 + y^2 + z^2)^{-1/2} 2x = \dfrac{x}{r}$

(4)　$\partial_x r^{-1} = \dfrac{\partial r^{-1}}{\partial r}\dfrac{\partial r}{\partial x} = -r^{-2}\dfrac{x}{r} = -\dfrac{x}{r^3}$

7.9　ポテンシャルエネルギーと保存力 ————————●

保存力の場 $\vec{F}(\vec{r'})$ の中で, 保存力に抗して力 $\vec{F'}(\vec{r'})$ を与えて, ゆっくりと基準点 $\vec{r}_0$ から $\vec{r}$ に質点を動かす場合を考える[注21]. 力 $\vec{F'}(\vec{r'})$ の行う仕事は

注21　"′" の有無に注意のこと.

$$U(\vec{r}) = \int_{\vec{r}_0}^{\vec{r}} \vec{F'}(\vec{r'}) \cdot d\vec{r'} \tag{7.17}$$

である[注22]. ゆっくりと動かす場合には, $\vec{F'}(\vec{r'}) = -\vec{F}(\vec{r'})$ と近似できるので,

注22　基準点 $\vec{r}_0$ は変化しないので, U は $\vec{r}$ のみの関数と考えることができる.

$$U(\vec{r}) = -\int_{\vec{r}_0}^{\vec{r}} \vec{F}(\vec{r'}) \cdot d\vec{r'} \tag{7.18}$$

である. $\vec{r}$ から $\vec{r}_0$ まで質点を動かすことを考えれば, 保存力は質点に対して

$$\int_{\vec{r}}^{\vec{r}_0} \vec{F}(\vec{r'}) \cdot d\vec{r'} = \int_{\vec{r}_0}^{\vec{r}} \vec{F'}(\vec{r'}) \cdot d\vec{r'} = U(\vec{r})$$

の仕事を行うことになる. すなわち, $\vec{r}$ にある質点は仕事を行う能力をもつことになるので[注23], $U(\vec{r})$ を基準点 $\vec{r}_0$ に対する位置 $\vec{r}$ の質点のポテンシャルエネルギーと呼ぶことにしよう.

注23　位置が変化しただけで, 見た目は何も変わったようには見えないので「潜在的な=ポテンシャル」エネルギーと呼ぶ. また, 位置の変化に伴うエネルギーなので, 位置エネルギーと呼ぶことも多い.

$\vec{r}_2 = (x + \Delta x, y, z), \vec{r}_1 = (x, y, z)$ の場合を考える.

$$U(\vec{r}_2) - U(\vec{r}_1) = \Delta U$$

$$= -\int_{(x,y,z)}^{(x+\Delta x,y,z)} \vec{F}(\vec{r}) \cdot d\vec{r}$$

$$\approx -\left(F_x\left(\frac{\vec{r}_2 + \vec{r}_1}{2}\right)\Delta x + F_y\left(\frac{\vec{r}_2 + \vec{r}_1}{2}\right)0 + F_z\left(\frac{\vec{r}_2 + \vec{r}_1}{2}\right)0 \right)$$

$$= -F_x\left(\frac{\vec{r}_2 + \vec{r}_1}{2}\right)\Delta x \tag{7.19}$$

ここで，$\Delta x \to 0$ の極限を考える．$\frac{\vec{r}_2 + \vec{r}_1}{2} = \vec{r}$ とすると[注24]，

$$\frac{\partial U(\vec{r})}{\partial x} = -F_x(\vec{r}) \tag{7.20}$$

すなわち，ポテンシャルエネルギー $U(\vec{r})$ を x で偏微分すると，保存力 $\vec{F}$ の x 成分に負号をつけたものが得られる．同様に，y と z で偏微分することにより，$\frac{\partial U(\vec{r})}{\partial y} = -F_y(\vec{r})$，$\frac{\partial U(\vec{r})}{\partial z} = -F_z(\vec{r})$ が得られる．すなわち，保存力 $\vec{F}(\vec{r})$ はポテンシャルエネルギー $U(\vec{r})$ を用いて，

$$\vec{F}(\vec{r}) = \left(-\frac{\partial U(\vec{r})}{\partial x}, -\frac{\partial U(\vec{r})}{\partial y}, -\frac{\partial U(\vec{r})}{\partial z} \right) \tag{7.21}$$

と求めることができる．なお[注25]，$\vec{\nabla} = \left(\frac{\partial}{\partial x}, \frac{\partial}{\partial y}, \frac{\partial}{\partial z} \right)$ という記号を用いて，

$$\vec{F}(\vec{r}) = -\vec{\nabla}U(\vec{r}) \tag{7.22}$$

と書くことが多い．

注24　$\vec{r}_1$ から $\vec{r}_2$ の間の力は，Δx が十分小さければ，ほとんど変化せず，$\vec{F}\left(\frac{\vec{r}_2 + \vec{r}_1}{2}\right)$ によって近似できる．$\vec{F}\left(\frac{\vec{r}_2 + \vec{r}_1}{2}\right)$ は位置 $\frac{\vec{r}_2 + \vec{r}_1}{2}$ における力である．

注25　通常は，∇（ナブラと読む）にベクトルを表す矢印をつけることはない．本書では，ベクトルと同じ構造をしていることを強調するためにつけている．

例題 7.12　以下のポテンシャルに対応した保存力を求めよ．

(1)　$U(\vec{r}) = mgz$

(2)　$U(\vec{r}) = \frac{k}{2}x^2$

(3)　$U(\vec{r}) = \frac{k}{2}(x^2 + y^2 + z^2)$

解　(1)　$\vec{F} = -\vec{\nabla}U(\vec{r}) = mg(0,0,-1)$

(2)　$\vec{F} = -\vec{\nabla}U(\vec{r}) = kx(-1,0,0)$

(3)　$\vec{F} = -\vec{\nabla}U(\vec{r}) = k(-x,-y,-z)$

7.10　ストークスの定理と保存力♠

あるベクトル場 $\vec{v}(\vec{r}) = (v_x(\vec{r}), v_y(\vec{r}), v_z(\vec{r}))$ が与えられているときに $(\partial_y v_z - \partial_z v_y, \partial_z v_x - \partial_x v_z, \partial_x v_y - \partial_y v_x)$ を考えると，

$$\int_C \vec{v} \cdot d\vec{r} = \int_S (\partial_y v_z - \partial_z v_y, \partial_z v_x - \partial_x v_z, \partial_x v_y - \partial_y v_x) \cdot d\vec{S} \tag{7.23}$$

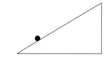

の式が成り立つ．ここで，C は空間中の閉曲線で，S は閉曲線 C を縁とする曲面である．閉曲線のある点 $\vec{r}$ における接線ベクトル $\vec{t}(\vec{r})$ を導入して，$\vec{t}(\vec{r})\,dr = d\vec{r}$ とする．ここで，$d\vec{r}$ は閉曲線上の微小な線分である．また，曲面 S 上の点 $\vec{r}$ における曲面の法線ベクトルを $\vec{n}(\vec{r})$ として，$d\vec{S} = \vec{n}\,dS$ とする．ここで，dS は曲面上の微小な面積である．上の式を「ストークスの定理」と言う．

図 7.19 のように，xy 面上の微小な長方形 PQRS を考える．この長方形に沿って $\vec{v} \cdot d\vec{r}$ を計算すると，

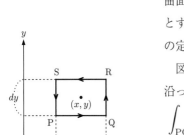

図 7.19　ストークスの定理 (a).

$$
\begin{aligned}
\int_{\mathrm{PQRSP}} \vec{v} \cdot d\vec{r} &= \int_{\mathrm{PQ}} \vec{v} \cdot d\vec{r} + \int_{\mathrm{QR}} \vec{v} \cdot d\vec{r} \\
&\quad + \int_{\mathrm{RS}} \vec{v} \cdot d\vec{r} + \int_{\mathrm{SP}} \vec{v} \cdot d\vec{r} \\
&= v_x\left(x, y - \frac{dy}{2}\right) dx + v_y\left(x + \frac{dx}{2}, y\right) dy \\
&\quad + v_x\left(x, y + \frac{dy}{2}\right)(-dx) + v_y\left(x - \frac{dx}{2}, y\right)(-dy) \\
&= \partial_y v_x(x, y)\left(-\frac{dy}{2}\right) dx + \partial_x v_y(x, y)\left(\frac{dx}{2}\right) dy \\
&\quad + \partial_y v_x(x, y)\left(\frac{dy}{2}\right)(-dx) + \partial_x v_y(x, y)\left(-\frac{dx}{2}\right)(-dy) \\
&= (\partial_x v_y - \partial_y v_x)\,dx\,dy
\end{aligned}
$$

となる．これは，$(\partial_y v_z - \partial_z v_y, \partial_z v_x - \partial_x v_z, \partial_x v_y - \partial_y v_x)$ と $(dy\,dz, dx\,dz, dx\,dy)$ $= d\vec{S}$ の内積の z 成分に由来する部分と考えることができる．同様に，x と y 成分に由来する部分も考えることができて，任意の向きを向いた微小な長方形について式 (7.23) が成り立つことがわかる．

次に，閉曲線 C とそれを縁とするような有限の大きさをもった曲面 S を考える（図 7.20 参照）．この曲面を微小面積に分割して

$$
\int_S (\partial_y v_z - \partial_z v_y, \partial_z v_x - \partial_x v_z, \partial_x v_y - \partial_y v_x) \cdot d\vec{S}
$$

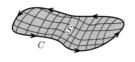

図 7.20　ストークスの定理 (b).

を考えよう．これは，上の議論を用いて微小面積のすべての縁について $\vec{v} \cdot d\vec{r}$ を計算し，その総和を求めることによっても得られる．しかしながら，隣り合う微小面積の間でキャンセルする部分があるので，結局閉曲線 C に沿って $\vec{v} \cdot d\vec{r}$ を計算したもの，すなわち，$\displaystyle\int_C \vec{v} \cdot d\vec{r}$ と等しい．以上により，式 (7.23) が成り立つことがわかる．

注 26　ポテンシャル力ともいう．

位置の関数として力 $\vec{F}(\vec{r})$ が与えられているとき，$\displaystyle\int_C \vec{F}(\vec{r}) \cdot d\vec{r} = 0\,\mathrm{J}$（$C$ は閉曲線）ならば保存力[注26]であった．したがって，式 (7.23) より，こ

の力は

$$(\partial_y F_z - \partial_z F_y, \partial_z F_x - \partial_x F_z, \partial_x F_y - \partial_y F_x) = \vec{0} \text{ N/m}$$

が成り立つ領域で保存力である.

例題 7.13 以下の力に対して，$(\partial_y v_z - \partial_z v_y, \partial_z v_x - \partial_x v_z, \partial_x F_y - \partial_y F_x) = \vec{0}$ となることを確認せよ.

 (1) $\vec{F} = mg(0, 0, -1)$

 (2) $\vec{F} = kx(-1, 0, 0)$

 (3) $\vec{F} = k(-x, -y, -z)$

解 (1) $(\partial_y(-mg) - \partial_z 0, \partial_z 0 - \partial_x(-mg), \partial_x 0 - \partial_y 0) = \vec{0}$

 (2) $(\partial_y 0 - \partial_z 0, \partial_z(-kx) - \partial_x 0, \partial_x 0 - \partial_y(-kx)) = \vec{0}$

 (3) $(\partial_y(-kz) - \partial_z(-ky), \partial_z(-kx) - \partial_x(-kz),$
 $\partial_x(-ky) - \partial_y(-kx)) = \vec{0}$

7.11 保存力のもとでの運動と運動エネルギー♠ ────────●

保存力のもとでの運動を考える. 初期条件を定めれば, 運動方程式

$$\vec{F}(\vec{r}) = m\,\vec{a}(\vec{r}) \tag{7.24}$$

に従って, 運動の軌跡が定まる. それを経路 C と呼ぶことにする. $\vec{r}$ の関数として運動方程式を表しているが, 経路が決まれば $\vec{r}(t)$ のように, 時間を媒介変数として表すことも可能であり,

$$\vec{F}(t) = m\,\vec{a}(t) \tag{7.25}$$

と考えることもできる.

次に, この経路 C 上の速度も同様に $\vec{v}(t)$ と考え, 運動方程式の両辺と $\vec{v}(t)$ の内積を考え, 時刻 t_0 から t_1 までの積分を計算する.

$$\int_{t_0}^{t_1} \vec{F}(t) \cdot \vec{v}(t)\,dt = m \int_{t_0}^{t_1} \vec{a}(t) \cdot \vec{v}(t)\,dt \tag{7.26}$$

左辺と右辺をそれぞれ別々に検討しよう. まず, 左辺は[注27]

$$\int_{t_0}^{t_1} \vec{F}(t) \cdot \vec{v}(t)\,dt = \int_{t_0}^{t_1} \frac{dW(t)}{dt}\,dt = W(t_1) - W(t_0)$$

$$= -U(t_1) + U(t_0) \tag{7.27}$$

となる[注28]. 一方, 右辺は

注27 $W(t)$ に対して, 微分とその逆演算である積分を連続して行うので, $W(t)$ が得られる.

注28 保存力による運動を考えているので, 保存力による仕事はポテンシャルエネルギーの差として表すことができる.

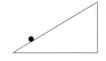

$$m \int_{t_0}^{t_1} \vec{a}(t) \cdot \vec{v}(t)\, dt = m \int_{t_0}^{t_1} \frac{d\vec{v}(t)}{dt} \cdot \vec{v}(t)\, dt$$

$$= \frac{m}{2} \int_{t_0}^{t_1} \frac{d\left(\vec{v}(t) \cdot \vec{v}(t)\right)}{dt}\, dt$$

$$= \frac{m}{2} \left(|\vec{v}(t_1)|^2 - |\vec{v}(t_0)|^2 \right) \tag{7.28}$$

となる. 以上により,

$$U(t_0) + \frac{m}{2}|\vec{v}(t_0)|^2 = U(t_1) + \frac{m}{2}|\vec{v}(t_1)|^2 \tag{7.29}$$

が得られる. $U(t)$ はポテンシャルエネルギーであり, 仕事を行う能力を意味していた. 上の式は $U(t)$ と $\frac{m}{2}|\vec{v}(t)|^2$ が移り変わることができ, しかも和が一定であることを意味している. すなわち, 両者は同種のものである. したがって, $\frac{1}{2}m|\vec{v}(t)|^2$ もエネルギーの一種である.

　以上, 保存力のもとでは一定になる量（力学的エネルギー）を導出した. この力学的エネルギーの一部はポテンシャルエネルギーである. そして, 残りは運動に関わるエネルギーであり, 先に定義した運動エネルギーになっている. したがって, 式 (7.29) は, 力学的エネルギー保存則と呼ばれる.

　多くの教科書では, 運動エネルギーとポテンシャルエネルギーを別個に定義し, その和が保存力のもとの運動では一定になるという筋道を通ることが多い. この節では, 保存力のもとでの運動を考え, 運動方程式を積分すれば, ある物理量（力学的エネルギーと呼ぶことにした）に関する保存則が得られることを示した.

章末問題

問題 7.1　以下の内積計算を行え.

(1)　$(1,1,1) \cdot (1,1,1)$

(2)　$(1,1,1) \cdot (-1,-1,-1)$

(3)　$(1,1,1) \cdot (-1,1,1)$

(4)　$(1,1,1) \cdot (1,-1,1)$

(5)　$(1,1,1) \cdot (1,1,-1)$

問題 7.2　以下の 2 つのベクトルの間の角度を θ として, $\cos\theta$ を求めよ.

(1)　$(1,1,1), (1,1,1)$

(2)　$(1,1,1), (-1,-1,-1)$

(3)　$(1,1,1), (-1,1,1)$

(4)　$(1,1,1), (1,-1,1)$

(5)　$(1,1,1), (1,1,-1)$

問題 7.3$^\heartsuit$　角度 30° のなめらかな斜面に沿って, 質量 1.0 kg の物体をゆっくりと 5.0 m の距離だけ引き上げた. 重力加速度の大きさは $9.8\,\mathrm{m/s^2}$ とする.

(1)　必要な力の大きさを求めよ.

(2)　また, この力がした仕事はいくらか.

(3)　重力がした仕事はいくらか.

(4)　この物体が得た重力の位置エネルギーはいくらか.

問題 7.4$^\heartsuit$　動摩擦係数 $\mu' = 2.0 \times 10^{-1}$ の粗い水平面に置かれた質量 $m = 1.00\,\mathrm{kg}$ の物体を水平面から角度 $\theta = 30°$ だけ上向きに力 F を加えて, $L = 1.0 \times 10\,\mathrm{m}$ だけ移動させた. この移動は一定の速さで時間 $1.0 \times 10\,\mathrm{s}$ だけかかった. 重力加速度 g の大きさを $9.8\,\mathrm{m/s^2}$ として以下の問に答えよ.

(1)　運動の際には加速度が無視でき, 与える力の水平方向の成分と摩擦力はつりあっていると近似する. その条件のもとで, 与えた力の大きさ F を求めよ.

(2)　この力が物体に行った仕事を求めよ.

(3)　この力の仕事率を求めよ.

問題 7.5$^\heartsuit$　床に置かれた質量 1.0 kg の物体の重力による位置エネルギーを, 以下の点を基準として求めよ. ただし, 重力加速度の大きさを $9.8\,\mathrm{m/s^2}$ とする.

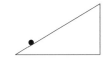

(1)　床

(2)　床から高さ 2.5 m の天井

(3)　床下収納の底. 床下収納の高さは 0.50 m

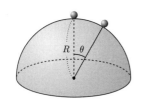

図 7.21　なめらかな半球上の頂点から小物体を滑らせた. 半球の半径は R である.

問題 7.6$^\heartsuit$　半径 R のなめらかな半球の頂点に質量 m の小球を置いて, 静かにはなした. 小球は球面に沿って滑り落ち, ある角度で球面から離れた. 重力加速度の大きさを g として, 以下の問に答えよ.

(1)　図 7.21 のように, 小球の位置が角度 θ で表される場合に, 頂点を基準にした重力の位置エネルギーを求めよ.

(2)　力学的エネルギー保存の法則より, 小球の速さ v を角度 θ の関数として求めよ.

(3)　小球が半球面に沿って運動していると仮定して, 小球に固定した座標系での力のつりあいを議論せよ. 位置 θ のときの小球の速さを v とする.

(4)　小球が半球面から離れるのは, 垂直抗力がゼロになる角度 θ_0 である. $\cos\theta_0$ を求めよ.

(5)　半球面が粗くて小球が滑らずに回転しながら落ちる場合を考える. この場合に, 小球が半球面から離れる角度を θ_1 とする. θ_1 と θ_0 の大小関係を定性的に考察せよ.

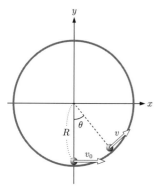

図 7.22　円形レール上の物体の位置を表す角度 θ. 円の半径は R である.

問題 7.7$^\heartsuit$　半径 R の円形のレールが鉛直に立っていて, 質量 m の物体はそのレールに沿って運動する. 最下点で初速 v_0 を与えると, v_0 がある値以上の場合には物体はレールに沿って運動し, 円形レールの最上点に達することができる.

(1)　図 7.22 のように, 物体の位置が角度 θ で表される場合に, 最下点を基準にした重力の位置エネルギーを求めよ.

(2)　力学的エネルギー保存の法則より, 物体の速さ v を角度 θ の関数として求めよ.

(3)　物体がレールに沿って運動していると仮定して, 物体に固定した座標系での力のつりあいを議論せよ. 位置 θ のときの物体の速さを v とする.

(4)　最上点において円形レールから物体への垂直抗力がゼロ以上という条件より, 物体が円形レールの最上点に到達する初速 v_0 の満たす条件を求めよ.

(5)　$\theta = 2\pi/3$ のときに, 物体が円形レールから離れる初速度を求めよ.

問題 7.8　以下のようなポテンシャルがあるときに，はたらく力を求めよ．

(1)　$U(\vec{r}) = U_0 \vec{n_0} \cdot \dfrac{\vec{r}}{r_0}$．ただし，$\vec{n_0} = (0, 0, 1)$ である．

(2)　$U(\vec{r}) = U_0 \left(\dfrac{x^2}{x_0{}^2} + \dfrac{y^2}{y_0{}^2} + \dfrac{z^2}{z_0{}^2} \right)$．

(3)　$U(\vec{r}) = U_0 \dfrac{r_0}{r}$ ただし，原点は除く．

問題 7.9　力 $\vec{F}$ が位置 $\vec{r} = (x, y, z)$ の関数として，$\vec{F} = \dfrac{F_0}{r_0}(y, -x, 0\,\mathrm{m})$ と表される．ここで，質量 m の質点が，原点を中心とする半径 r_0 の円周上を $r_0(1, 0, 0)$ から反時計回りに回転して，再び $r_0(1, 0, 0)$ に戻る経路で運動する（図 7.23）．質点の位置は角度 θ を用いて，$\vec{r} = r_0(\cos\theta, \sin\theta, 0)$ と表すことができる．

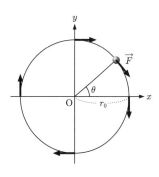

図 7.23　半径 r_0 の円周上での力．

(1)　質点の位置を示す角度が θ のときの力を求めよ．

(2)　θ から $\theta + d\theta$ だけ変化させたときの変位 $d\vec{r}$ を求めよ．ここで $d\theta$ は 1 に比べて十分に小さいので，$\cos d\theta = 1$ と $\sin d\theta = d\theta$ としても良い．

(3)　上の変位の間に質点がされる仕事 dW を求めよ．

(4)　反時計回りに一周する間に質点がされる仕事を求めよ．

(5)　このような力になるポテンシャルは存在するか議論せよ．

問題 7.10　1 次元ポテンシャルエネルギー $U(x)$ が正の定数 x_0, U_0 を用いて

$$U(x) = U_0 \left(\frac{x_0{}^2}{x^2} - \frac{x_0}{x} \right)$$

で与えられている．以下の問に答えよ．

(1)　ポテンシャルの概形を描け．

(2)　物体にはたらく力がゼロになる位置 x_m を求めよ．

問題 7.11　前問の続きを考える．前問のポテンシャルの中 x 軸上を運動する物体を考える．

(1)　$x = x_\mathrm{m}$ の近くでの $U(x)$ の近似式を求めよ．ただし，$x - x_\mathrm{m}$ の 3 次以上の項は無視する．

(2)　物体にはたらく力を $\Delta x = x - x_\mathrm{m}$ の関数として求めよ．

(3)　$x = x_\mathrm{m}$ の近くに質量 m の物体を置いたとき，その物体は微小な単振動を行う．この振動の角周波数 ω を求めよ．

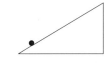

◆———— back-of-the-envelope-calculation ————◆

back-of-the-envelope-calculation とは，直訳すると "封筒の裏でできる計算" のことで，要点を押さえて（論理的に推論し）概算を行うことを意味する．「計算を行う際に注意すべきこと」で議論した「大きさの程度」を求めることである．

例として，今コップ 1 杯の水があるとしよう．このコップの水を海に流してよくかき混ぜた[注29]後に，海の水を同じコップでまたすくう．さて，最初コップに入っていた水分子のうち何個が再びすくい取られるだろうか？

コップ 1 杯の水の体積は 2×10^{-4} m^3 程度である．この水の質量は 0.2 kg である．水の分子量は 18 であるから，コップ 1 杯の水の中に含まれる水分子は約 10 mol であり，アボガドロ定数を掛けることによって，コップ 1 杯の水分子の数は 6×10^{24} 個と見積もることができる．

さて，海の水の体積[注30]を推定しよう．地球の半径は約 6000 km である．これは，メートルの起源を考えてもわかる[注31]．地球を覆っている海の面積は地球表面の 7 割程度である．これは，地球儀を見れば納得できるであろう．海の平均の深さが推定できれば，海の水の体積が概算できる．海溝で海の深さは最大であり，それは 11 km 程度である．大陸の周辺には浅い海が取り巻いていて（大陸棚），その深さは 200 m 程度である．したがって，海の深さの平均は 1 km 程度と推定できる．海の水の体積は，「地球の表面積 × 海の面積の割合 × 海の平均の深さ」より，

$$4\pi \times 6000^2 \text{ km}^2 \times 0.7 \times 1 \text{ km} \sim 3.2 \times 10^8 \text{ km}^3$$

と推定できる[注32]．すなわち，3.2×10^{17} m^3 となる．したがって十分混ぜた後に，またコップですくった水の中に含まれる元々あった水分子の個数は，

$$6 \times 10^{24} \cdot \frac{2 \times 10^{-4}}{3 \times 10^{17}} \sim 4 \times 10^3$$

となる．1000 個以上の水分子が戻ってくることになる．この計算により，アボガドロ定数がいかに大きな数かが実感できる．

このように，back-of-the-envelope-calculation は，考えている対象に関する具体的なイメージを得る上で非常に有用である．また，物理学者のフェルミがこの手法を得意としていたことから，back-of-the-envelope-calculation はフェルミ推定とも呼ばれる．彼は，原爆実験の際にその威力を，紙きれが爆風によってどれだけ飛ばされたかによって，すぐに推定した[注33]．

彼は原爆の破壊力を「爆風が起こる前，最中，そして，後で約 2 m の高さ[注34]から落とした紙きれがどのように飛ばされたかを見る」ことによって，「その爆風が 1 万トンの TNT 火薬によって生じたものに相当する」と推定した．実際の破壊力は 2.1 万トンの TNT 火薬の爆発に相当した．

フェルミはまた，シカゴに住むピアノ調律師の人数を推定するという問題を，シカゴ大学の学生に出したそうである．読者も住んでいる町の携帯電話ショップの数をフェルミ推定して，どの程度正しい推定ができたか確認してみると面白いだろう．

◆————————————————————————◆

注29 地球の裏側の水ともよく混ぜること

注30 理科年表によると 1.35×10^9 km^3 $= 1.35 \times 10^{18}$ m^3 である．

注31 フランス革命後の 1791 年に，北極から地球の子午線までの距離の 1000 万分の 1 を 1 m としたのがメートルの起源である．すなわち，地球を球とした際の周の長さを 4 万 km としたのである．

注32 海の平均の深さを 4 km にすると，理科年表に掲載されている海水の体積とほぼ一致する．

注33 http://www.lanl.gov/ science/weapons_journal/ wj_pubs/11nwj2-05.pdf を参照．

注34 おそらく彼は腕を上げて，その手に持っていた紙切れを落としたのであろう．特別な道具を使わずにデータを得たのだと思われる．

8 運動量と角運動量

質点の運動量と角運動量について学ぶ. 角運動量は高校では学ばなかった新しい概念である.

8.1 運動量 ♡ ─────────────────────────────●

運動の「いきおい」を表す物理量として質量 m〔kg〕と速度 $\vec{v}$〔m/s〕の積を考える. この新しい物理量を**運動量**といい, 記号 $\vec{p}$ を用いる.

$$\vec{p} = m\vec{v}$$

その単位はキログラムメートル毎秒(kg·m/s)である. 運動方程式は $\vec{F} = \dfrac{d\vec{p}}{dt}$ と書くこともできる. なお, 力がはたらかない場合には運動方程式からもわかるように運動量は保存される（変化しない）.

まず, 直線運動を考えよう. 速度 v_1〔m/s〕で運動する物体に, 力 F〔N〕を Δt〔s〕の間加えると速度は v_2〔m/s〕に変化する. この間の加速度は $\dfrac{v_2 - v_1}{\Delta t}$ である. 運動方程式に代入すると,

$$m\frac{v_2 - v_1}{\Delta t} = F$$

となる. 書き換えると

$$p_2 - p_1 = F\Delta t$$

となる. この式は, 運動量の変化がその間に作用した F とその時間 Δt の積 $F\Delta t$ に等しいことを意味している. この $F\Delta t$ のことを**力積**という. 単位はニュートン秒（N·s）である.

運動が直線上に制限されない場合でも,

$$\vec{p}_2 - \vec{p}_1 = \vec{F}\Delta t \tag{8.1}$$

のように力積 $\vec{F}\Delta t$ を考える. 一般に $\vec{F}$ は変化するので, $\vec{p}_2 - \vec{p}_1 = \overline{\vec{F}}\Delta t$ となる定数の $\overline{\vec{F}}$ を**平均の力**という[注1]. バットでボールを打つような非常に短い時間に大きな力がはたらく場合, そのような力を**撃力（衝撃力）**という.

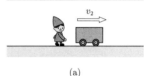

(a)

(b)

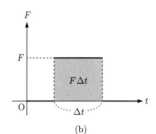

(c)

図 8.1 直線運動における力積. (a) 物体に力を加えることによって, 速度が変化する. (b) 力積. (c) 運動量変化と力積の関係.

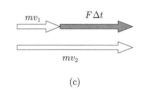

注1 撃力を考える場合には, 力の継続時間と平均の力を考えることはあまり意味がない. 分離せずに, 力積そのものを考えるべきである.

例題 8.1

(1) 速度 $(3.0 \times 10, 0.0, 0.0)$ m/s で，質量が 1.50×10^{-1} kg の物体（ボール）のもつ運動量を求めよ．

(2) 上のボールをバットで打った．打った直後の速度は $(-3.0 \times 10, 0.0, 1.5 \times 10)$ m/s になった．このときにボールがもつ運動量を求めよ．

(3) バットがこのボールに与える力積を求めよ．

(4) バットとボールの接触時間を 1.0×10^{-3} s と仮定して，バットとボールが接触中の平均の力を求めよ．

解 (1) 運動量は，$(3.0 \times 10, 0.0, 0.0)$ m/s $\cdot\ 1.50 \times 10^{-1}$ kg $=$ $(4.5, 0.0, 0.0)$ kg·m/s.

(2) 運動量は，$(-3.0 \times 10, 0.0, 1.5 \times 10)$ m/s $\cdot\ 1.50 \times 10^{-1}$ kg $=$ $(-4.5, 0.0, 2.3)$ kg·m/s.

(3) 運動量変化がボールに与えられた力積になるので，
$(-4.5, 0.0, 2.3)$ kg·m/s $-\ (4.5, 0.0, 0.0)$ kg·m/s $=$ $(-9.0, 0.0, 2.3)$ kg·m/s.

(4) $\vec{F}\Delta t$ が力積なので，平均の力は
$$\frac{(-9.0, 0.0, 2.3)\ \text{kg·m/s}}{1.0 \times 10^{-3}\ \text{s}} = (-9.0 \times 10^3, 0.0, 2.3 \times 10^3)\ \text{N}.$$

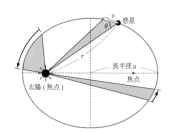

図 8.2　面積速度一定の法則．ある時間の間に，太陽と惑星を結ぶ線が横切る面積をその時間で割ったもの（面積速度）が等しい，という法則．この面積は，$\frac{1}{2}rv\sin\theta$ である．

注 2　面積を時間で割ったものであるので，ある種の「速度」と考えることができる．

注 3　円軌道の場合は，すでに第 6 章で証明した．

注 4　高校で角運動量は学ばないが，重要な概念なので ♡ に含める．

注 5　$R^2\omega/2 = Rv/2$ が面積速度に対応する．

8.2　面積速度と角運動量 ♡

惑星の運動に関する**ケプラーの法則**は以下の通りである．

(1) 惑星は太陽を焦点の 1 つとする楕円軌道を描く．

(2) 惑星と太陽を結ぶ線分が，一定時間に描く面積（面積速度）は一定である [注 2]（図 8.2 と表 8.1 を参照）．

(3) 惑星の公転周期 T の 2 乗は，楕円軌道の長半径 a の 3 乗に比例する [注 3]（6.3 節を参照）．

面積速度は図 8.2 のように定義される量で，大学で初めて学ぶ**角運動量**と等価な物理量である．

　角運動量 [注 4] を理解するために，原点 O を中心にして質量 m〔kg〕の小物体が角速度 ω〔rad/s〕で半径 R〔m〕の円運動を行っている場合を考えよう．この小物体の運動量の大きさは，小物体の位置によらず $mv = m(R\omega)$ である．この運動量に回転半径 R を掛けたもの $mR^2\omega$ [注 5] を**角運動量**の大きさ

表 8.1 各惑星長半径の 3 乗と公転周期の 2 乗の比. 数値は理科年表から. 地球の場合は定義からすべて 1 である.

惑星	長半径 (天文単位)	公転周期 (太陽年)	長半径の 3 乗 / 公転周期の 2 乗
水星	0.387	0.241	0.998
金星	0.723	0.615	0.999
地球	1.000	1.000	1.000
火星	1.524	1.881	1.000
木星	5.203	11.862	1.001
土星	9.555	29.458	1.005

とよび, 記号 L を用いて表す.

この小物体に短い時間 Δt 〔s〕の間, 運動 (接線) 方向に力 F〔N〕を加えると, この小物体の運動量は $mR\omega + F\Delta t$ になる[注6]. 対応した角運動量は $mR^2\omega + RF\Delta t$ である. 角運動量の変化 $\Delta L = (mR^2\omega + RF\Delta t) - mR^2\omega = RF\Delta t$ となる. すなわち, $\dfrac{\Delta L}{\Delta t} = RF$ である.

ところが, 力の大きさ F がゼロでなくても, 力の向きが半径方向ならば, 接線方向の速度の大きさは変化せず角運動量は変化しない. このように, 原点の周りを運動する小物体に対して, **中心力** (大きさは原点から小物体までの距離に依存し, 方向は原点と小物体を結ぶ線に沿っている力) がはたらいても, その小物体の原点の周りの角運動量は変化しない.

角運動量を考えるときには, 力そのものではなく, 以下で定義される力のモーメントを考えると便利である. 点 P にある物体にはたらく力 F と原点 O から力の作用線におろした垂線の長さ (うでの長さ) の積 (図 8.3 参照)

$$N = F(R\sin\theta) = (F\sin\theta)R = RF\sin\theta$$

を中心 O の周りの**力のモーメント**という. この N を使うと,

$$\frac{\Delta L}{\Delta t} = N \tag{8.2}$$

となる[注7]. N の単位は, $\mathrm{kg\cdot m^2/s^2}$ である.

注6 ここでは, 力や運動量の大きさのみを考える.

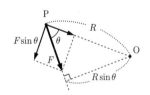

図 8.3 力のモーメント.

注7 力の向きが異なった上の 2 つの場合を, 1 つの式で表すことができる.

例題 8.2 地球の公転軌道を半径 1.5×10^{11} m と近似して, 面積速度を求めよ.

解 $\dfrac{1}{2}rv = \dfrac{1}{2}r^2\omega$

$= \dfrac{1}{2}(1.5 \times 10^{11}\,\mathrm{m})^2 \dfrac{2\pi}{365\,\mathrm{day} \cdot 24\,\mathrm{h/day} \cdot 60\,\mathrm{min/h} \cdot 60\,\mathrm{s/min}}$

$= 2.2 \times 10^{15}\,\mathrm{m^2/s}$

8.3 ベクトルの外積 ─────────────────●

角運動量をより深く理解する上で必要な，ベクトルの外積について述べる．ベクトルの積には内積（·）と外積（×）[注8] の 2 つの積が定義されている．

2 つのベクトル $\vec{a}, \vec{b}$ があったとき，

$$\vec{a} \times \vec{b} = (a_y b_z - a_z b_y, \ a_z b_x - a_x b_z, \ a_x b_y - a_y b_x) \tag{8.3}$$

によって 2 項演算を定義し，外積と呼ぶことにする [注9]．$\vec{a} \times \vec{b}$ はベクトルである．行列 $\begin{pmatrix} a & b \\ c & d \end{pmatrix}$ の行列式を表す表記 $\begin{vmatrix} a & b \\ c & d \end{vmatrix} = ad - bc$ を用いれば [注10]，

$$\vec{a} \times \vec{b} = \left(\begin{vmatrix} a_y & a_z \\ b_y & b_z \end{vmatrix}, \begin{vmatrix} a_z & a_x \\ b_z & b_x \end{vmatrix}, \begin{vmatrix} a_x & a_y \\ b_x & b_y \end{vmatrix} \right) \tag{8.4}$$

と書くこともできる．

外積において重要なルールを挙げる．

(1) $\vec{a} \times \vec{b} = -\vec{b} \times \vec{a}$ [注11]

(2) $(\alpha \vec{a}) \times \vec{b} = \vec{a} \times (\alpha \vec{b}) = \alpha(\vec{a} \times \vec{b})$

(3) $\vec{a} \times (\vec{b} + \vec{c}) = \vec{a} \times \vec{b} + \vec{a} \times \vec{c}$

外積の図形的な意味を考えよう．

$$\vec{a} \cdot (\vec{a} \times \vec{b}) = a_x(a_y b_z - a_z b_y) + a_y(a_z b_x - a_x b_z) + a_z(a_x b_y - a_y b_x)$$
$$= 0 \tag{8.5}$$

したがって，$\vec{a} \times \vec{b}$ は $\vec{a}$ と直交していることがわかる．同様に，$\vec{b}$ とも直交していることがわかる．向きは，$\vec{a}$ を $\vec{b}$ の方向に回転させる場合に，その回転によって右ねじが進む向きになる [注12]．また，大きさは

$$|\vec{a} \times \vec{b}|^2 = (a_y b_z - a_z b_y)^2 + (a_z b_x - a_x b_z)^2 + (a_x b_y - a_y b_x)^2$$
$$= (a_x^2 + a_y^2 + a_z^2)(b_x^2 + b_y^2 + b_z^2) - (a_x b_x + a_y b_y + a_z b_z)^2$$
$$= |\vec{a}|^2 |\vec{b}|^2 \left(1 - \frac{(\vec{a} \cdot \vec{b})^2}{|\vec{a}|^2 |\vec{b}|^2} \right) = |\vec{a}|^2 |\vec{b}|^2 (1 - \cos^2 \theta)$$
$$= |\vec{a}|^2 |\vec{b}|^2 \sin^2 \theta \tag{8.6}$$

で，θ は $\vec{a}$ と $\vec{b}$ の間の角度である [注13]．したがって，$\vec{a} \times \vec{b}$ の大きさは $\vec{a}$ と $\vec{b}$ によって作られる平行四辺形の面積になる．

注8 記号（×）は小学校から数の掛け算を表す記号として使っているので注意が必要である．

注 9 $\vec{a}$ と $\vec{b}$ の外積を，$\mathrm{rot}(\vec{a}, \vec{b})$，$\mathrm{curl}(\vec{a}, \vec{b})$ あるいは $\vec{a} \wedge \vec{b}$ と書く教科書もある．

注10 $\vec{a} \times \vec{b}$ の x 成分には，$\vec{a}$ と $\vec{b}$ の x 成分は含まれていない．y と z 成分も同様である．

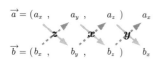

$\vec{a} = (a_x, \quad a_y, \quad a_z) \quad a_x$

$\vec{b} = (b_x, \quad b_y, \quad b_z) \quad b_x$

図 8.4 ベクトル積の計算方法の覚え方．

注11 $\vec{b}$ を $\vec{a}$ におきかえると，$\vec{a} \times \vec{a} = -\vec{a} \times \vec{a}$ となり，$\vec{a} \times \vec{a} = \vec{0}$ であることがわかる．

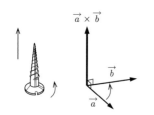

図 8.5 ベクトル積によって得られるベクトルの向き．

注12 例えば，$\vec{a}$ が x 軸の正の向き，$\vec{b}$ が y 軸の正の向きの場合には，$\vec{a} \times \vec{b}$ は z 軸の正の向きになる．

注13 $\vec{a} \cdot \vec{b} = |\vec{a}||\vec{b}| \cos \theta$ である．

例題 8.3　$\vec{e}_1 = (1,0,0)$, $\vec{e}_2 = (0,1,0)$, そして $\vec{e}_3 = (0,0,1)$ の 3 つのベクトルのすべての組み合わせについて, その内積と外積を計算せよ.

解　例えば, 内積については $\vec{e}_1 \cdot \vec{e}_1 = (1,0,0) \cdot (1,0,0) = 1$. 外積については $\vec{e}_1 \times \vec{e}_2 = (1,0,0) \times (0,1,0) = (0,0,1) = \vec{e}_3$.

内積	$\vec{e}_1$	$\vec{e}_2$	$\vec{e}_3$
$\vec{e}_1$	$\vec{e}_1 \cdot \vec{e}_1 = 1$	$\vec{e}_1 \cdot \vec{e}_2 = 0$	$\vec{e}_1 \cdot \vec{e}_3 = 0$
$\vec{e}_2$	$\vec{e}_2 \cdot \vec{e}_1 = 0$	$\vec{e}_2 \cdot \vec{e}_2 = 1$	$\vec{e}_2 \cdot \vec{e}_3 = 0$
$\vec{e}_3$	$\vec{e}_3 \cdot \vec{e}_1 = 0$	$\vec{e}_3 \cdot \vec{e}_2 = 0$	$\vec{e}_3 \cdot \vec{e}_3 = 1$

外積	$\vec{e}_1$	$\vec{e}_2$	$\vec{e}_3$
$\vec{e}_1$	$\vec{e}_1 \times \vec{e}_1 = \vec{0}$	$\vec{e}_1 \times \vec{e}_2 = \vec{e}_3$	$\vec{e}_1 \times \vec{e}_3 = -\vec{e}_2$
$\vec{e}_2$	$\vec{e}_2 \times \vec{e}_1 = -\vec{e}_3$	$\vec{e}_2 \times \vec{e}_2 = \vec{0}$	$\vec{e}_2 \times \vec{e}_3 = \vec{e}_1$
$\vec{e}_3$	$\vec{e}_3 \times \vec{e}_1 = \vec{e}_2$	$\vec{e}_3 \times \vec{e}_2 = -\vec{e}_1$	$\vec{e}_3 \times \vec{e}_3 = \vec{0}$

例題 8.4　以下の外積の計算を行え.

(1)　$(1,1,1) \times (1,0,1)$

(2)　$(1,0,1) \times (2,0,3)$

(3)　$(3,4,5) \times (1,2,3)$

解　(1)　$(1,1,1) \times (1,0,1) = (1,0,-1)$

(2)　$(1,0,1) \times (2,0,3) = (0,-1,0)$

(3)　$(3,4,5) \times (1,2,3) = (2,-4,2)$

8.4　中心力のもとでの保存量

　ある点 (その位置ベクトルを $\vec{r}_0$ とする) を基準として, 位置 $\vec{r}$ にある運動量 $\vec{p}$ の質点に対して, 以下の式によって角運動量

$$\vec{L} = (\vec{r} - \vec{r}_0) \times \vec{p}$$

と定義する [注14]. なぜ, このような物理量を定義するかについて, 保存量の観点から議論する.

注14　8.2 節で定義した L は, この角運動量の大きさである.

質点に対してはたらく力が

$$\vec{F}(\vec{r}) = F(|\vec{r} - \vec{r}_0|)\frac{\vec{r} - \vec{r}_0}{|\vec{r} - \vec{r}_0|} \tag{8.7}$$

のように表されるとき，力 $\vec{F}(\vec{r})$ を基準点 $\vec{r}_0$ を中心とする中心力と呼ぶことにする．このような力は，万有引力など物理学によく現れるので重要である．

今までに議論してきたように，力がはたらいていない場合には運動量が保存[注15]される．また，保存力がはたらいている場合には力学的エネルギーが保存される．このような保存量は運動状態を理解するために有用であった．それでは，中心力がはたらいている場合の保存量は何だろう．

注15　「保存される」とは，時間的に変化しないこと．

中心力のもとでの，位置 $\vec{r}$ にある質量 m の質点のニュートンの運動方程式は，

$$\frac{d\vec{p}}{dt} = F(|\vec{r} - \vec{r}_0|)\frac{\vec{r} - \vec{r}_0}{|\vec{r} - \vec{r}_0|} \tag{8.8}$$

である．両辺に左から $(\vec{r} - \vec{r}_0)\times$ を作用させると，

$$(\vec{r} - \vec{r}_0) \times \frac{d\vec{p}}{dt} = (\vec{r} - \vec{r}_0) \times F(|\vec{r} - \vec{r}_0|)\frac{\vec{r} - \vec{r}_0}{|\vec{r} - \vec{r}_0|} \tag{8.9}$$

注16　$\dfrac{d(\vec{r} - \vec{r}_0)}{dt} \parallel \vec{p}$ であるので，$\dfrac{d(\vec{r} - \vec{r}_0)}{dt} \times \vec{p} = \vec{0}$ である．$\vec{0}$ を足しても同じである．

となる．右辺は外積の定義より，$\vec{0}$ N·m になる．一方，左辺は[注16]

$$
\begin{aligned}
(\vec{r} - \vec{r}_0) \times \frac{d\vec{p}}{dt} &= \vec{0} + (\vec{r} - \vec{r}_0) \times \frac{d\vec{p}}{dt} \\
&= \frac{1}{m}\vec{p} \times \vec{p} + (\vec{r} - \vec{r}_0) \times \frac{d\vec{p}}{dt} \\
&= \frac{d\vec{r}}{dt} \times \vec{p} + (\vec{r} - \vec{r}_0) \times \frac{d\vec{p}}{dt} \\
&= \frac{d(\vec{r} - \vec{r}_0)}{dt} \times \vec{p} + (\vec{r} - \vec{r}_0) \times \frac{d\vec{p}}{dt} \\
&= \frac{d((\vec{r} - \vec{r}_0) \times \vec{p})}{dt} = \frac{d\vec{L}}{dt}
\end{aligned} \tag{8.10}
$$

となる．したがって，先に定義した $\vec{r}_0$ を基準点とした角運動量 $\vec{L}$ は，同じ基準点を中心とする中心力のもとでは保存量となる．中心力でない一般の力 $\vec{F}(\vec{r})$ が作用している場合には，

$$\frac{d\vec{L}}{dt} = (\vec{r} - \vec{r}_0) \times \vec{F} \tag{8.11}$$

注17　式 (8.2) の中の N は，$\vec{N}$ の $\vec{r} - \vec{r}_0$ と $\vec{F}$ の両方に垂直な成分である．

となる．ここで，基準点 $\vec{r}_0$ の周りの力のモーメント $\vec{N}$ [注17]を

$$\vec{N} = (\vec{r} - \vec{r}_0) \times \vec{F} \tag{8.12}$$

のように定義すると，

$$\frac{d\vec{L}}{dt} = \vec{N} \tag{8.13}$$

となり^{注18}，運動量を用いて表したニュートンの運動方程式 $\dfrac{d\vec{p}}{dt} = \vec{F}$ と対応させることができる．

注 18　式 (8.2) は，この方程式の大きさに着目したものである．

例題 8.5　質量 m の質点が $\vec{r}(t) = (v_0 t - x_0, y_0, 0)$ で運動している．原点を基準とした角運動量の計算を行え．

解　$\vec{v}(t) = \dfrac{d\vec{r}(t)}{dt} = v_0(1, 0, 0)$ なので，角運動量は

$$\vec{L} = (v_0 t - x_0, y_0, 0) \times m v_0 (1, 0, 0) = m v_0 y_0 (0, 0, -1)$$

となる．

例題 8.6　質量 m の質点が原点から x 軸に対して角度 θ だけ上向きに，速度の大きさ v_0 で時刻 $t = 0\,\mathrm{s}$ に投射された．その質点の原点を基準とした角運動量を求めよ．ただし，鉛直上向きを z 軸の正の向きとし，質点は重力加速度 $\vec{g} = g(0, 0, -1)$ のもとで運動する．

解　初速度 $\vec{v}_0 = v_0(\cos\theta, 0, \sin\theta)$ で投射された質量 m の質点が重力加速度 $\vec{g}$ のもとで等加速度運動を行うので，その速度ベクトルは

$$\vec{v}(t) = \vec{v}_0 + \vec{g}t = (v_0 \cos\theta, 0, v_0 \sin\theta - gt)$$

である．これを時間で積分すると，$t = 0$ では原点にいたことより，

$$\vec{r}(t) = (v_0 t \cos\theta, 0, v_0 t \sin\theta - \frac{1}{2}gt^2)$$

となる．原点を基準とした角運動量は

$$\vec{L} = \vec{r}(t) \times m\vec{v}(t)$$

$$= (v_0 t \cos\theta, 0, v_0 t \sin\theta - \frac{1}{2}gt^2) \times m(v_0 \cos\theta, 0, v_0 \sin\theta - gt)$$

$$= \frac{1}{2}m v_0 g t^2 \cos\theta(0, 1, 0)$$

となる．

8.5　円運動

注 19　基準点の位置ベクトル $\vec{r}_0 = \vec{0}$ m の場合.

角速度 ω, 半径 r_1 で, 原点を中心に回転する[注 19]質点の運動について考えよう. すでに第 6 章で議論したように, $\vec{a}(t) = -\omega^2\vec{r}$ であるので,

$$\vec{F}(t) = -m\omega^2|\vec{r}(t)|\frac{\vec{r}(t)}{|\vec{r}(t)|} \tag{8.14}$$

となり, 式 (8.7) と比べて中心力が作用していることがわかる.

計算を簡単にするために, xy 面内の円運動の場合について, 角運動量を求めると,

$$\begin{aligned}\vec{L}(t) &= \vec{r}(t) \times (m\,\vec{v}(t)) \\ &= r_1(\cos\omega t, \sin\omega t, 0) \times (m\,\omega\,r_1\,(-\sin\omega t, \cos\omega t, 0)) \\ &= m\,\omega\,r_1^2(0, 0, 1) \end{aligned} \tag{8.15}$$

となる. ただし, 初期位相は 0 rad とした. 時間で微分すると,

$$\frac{d\vec{L}}{dt} = \vec{0}\ \mathrm{kg\cdot m^2/s^2} \tag{8.16}$$

となり, 確かに中心力では角運動量が変化しないことがわかる.

8.6　保存量の概念♠

物理学の重要な考えとして, 保存量がある. すなわち, 時間的に変化しない量のことである. すでに, 以下の保存量が本書で議論されている.

1. 力がはたらいていない場合の運動量
2. 保存力のもとでの力学的エネルギー
3. 中心力のもとでの角運動量

時間的に変化しないのであるから, これらの保存量がある場合には運動の理解が簡単になる場合が多い.

例として, 角運動量保存の観点から, 惑星の運動を考えてみよう. ニュートン力学が成立する以前に行われた精密な惑星の運動の観測によって, ケプラーの法則が発見された. 簡単のために, 惑星の軌道は円に近似する[注 20]. 面積速度一定の法則は惑星が円軌道上を一定の角速度で運動することを意味し, これは角運動量保存の法則に他ならない. したがって, 太陽と惑星の間にはたらく力は中心力であることがわかる.

注 20　惑星の軌道の離心率は小さいので, 円軌道と近似しても本質の理解には差し支えない.

次に周期を T, 半径を R としよう. 式 (8.14) から, 太陽と惑星の間にはたらく力は引力で, その大きさは $\frac{R}{T^2}$ に比例する[注 21]ことがわかる. さら

注 21　$\omega = \dfrac{2\pi}{T}$ より.

に，ケプラーの法則より α を定数として $\dfrac{R^3}{T^2} = \alpha$ とおくと，$\dfrac{R}{T^2} = \dfrac{\alpha}{R^2}$ となり，「2 質点間の距離の 2 乗に反比例した引力」という万有引力の法則が得られる[注22]．

注 22　詳細は第 11 章を参照．

また，保存量は次の第 9 章で質点系を扱う際にも重要である．何が保存されて（一定で），何が保存されないか（変化するか）という観点から質点系を捉えると，理解が深まる．

章末問題

問題 8.1$^\heartsuit$ 以下の物体の運動量の大きさを求めよ.

(1) 1.5×10^{-1} kg のボールが時速 1.44×10^2 km/h で投げられた.

(2) 1.0 トンの自動車が時速 9.0×10 km/h で走っている.

(3) 5.0×10 kg の人が時速 4.0 km/h で歩いている.

(4) 3.5×10^4 トンのタンカーが時速 2.0×10 km/h で走っている.

問題 8.2 以下の計算を行え.

(1) $(1, 1, 1) \times (1, 1, 1)$

(2) $(1, 1, 0) \times (0, 1, 1)$

(3) $(1, 1, 0) \times (1, 0, 1)$

(4) $((1, 1, 1) \times (1, 1, 1)) \cdot (1, 1, 1)$

(5) $((1, 1, 0) \times (0, 1, 1)) \cdot (1, 1, 1)$

(6) $((1, 1, 0) \times (1, 0, 1)) \cdot (1, 1, 1)$

問題 8.3$^\heartsuit$ 質量 5.0 kg の質点がなめらかな水平面を速度 $(5.0, 0.0, 0.0)$ m/s で運動している. y 軸の正の向きに瞬間的に力を加えたところ, 質点の進行方向は x 軸に対して $45°$ 傾いた.

(1) 力を加えた後の質点の速度を求めよ.

(2) 質点に加えられた力積を求めよ.

問題 8.4$^\heartsuit$ 以下の場合の運動量変化と平均の撃力を求めよ. ここで使うボールの質量は 1.5×10^2 g, 投手の投げるボールの速さは時速 1.44×10^2 km/h, そして重力加速度の大きさを 9.8 m/s^2 とする. ただし, 投手からキャッチャーの向きに沿って x 軸をとり, 鉛直上向きを z 軸の正の向きとする.

(1) ボールがキャッチャーのミットに触れてから完全に静止するまで, 0.10 s かかった.

(2) 打者がピッチャー返しを打った. すなわち, 打球はピッチャーの方向に飛んだ. その打球は 7.0×10 m/s であった. バットとボールが触れている時間を 1.0 ms $(= 1.0 \times 10^{-3}$ s$)$ とする.

(3) 打者がボールを打って, 1.2×10^2 m 先のセンター外野席にギリギリ入るホームランになった. 打者がボールを打ったときの運動量変化と平均の撃力を求めよ. ただし, 打球は水平面から $45°$ の角度で上がり, 空気抵抗は無視できるものとする. また, バットとボールが触れ

ている時間を $1.0\,\mathrm{ms}\,(= 1.0 \times 10^{-3}\,\mathrm{s})$ とする.

問題 8.5$^\heartsuit$　吹き矢は，吹き筒の長さが長い方が矢は遠くまで届く．理由について定性的に議論せよ．

問題 8.6　以下の運動を行う質点の原点を基準にした角運動量を計算せよ ^{注23}.

(1)　質点が $(1.0\cos t, 0.0, 0.0)$ m の単振動を行い，質量が $1.0\,\mathrm{kg}$.

(2)　質点が $(0.0, 1.0\cos t, 0.0)$ m の単振動を行い，質量が $2.0\,\mathrm{kg}$.

(3)　質点が $(0.0, 0.0, 1.0\cos t)$ m の単振動を行い，質量が $3.0\,\mathrm{kg}$.

(4)　質点が $(0.0, 0.0, 1.0\sin t)$ m の単振動を行い，質量が $3.0\,\mathrm{kg}$.

(5)　質点が $(1.0\cos t, 1.0\sin t, 0.0)$ m の円運動を行い，質量が $1.0\,\mathrm{kg}$.

(6)　質点が $(0.0, 1.0\cos t, 1.0\sin t)$ m の円運動を行い，質量が $2.0\,\mathrm{kg}$.

(7)　質点が $(1.0\sin t, 0.0, 1.0\cos t)$ m の円運動を行い，質量が $3.0\,\mathrm{kg}$.

(8)　質点が $(1.0\cos t, 0.0, 1.0\sin t)$ m の円運動を行い，質量が $3.0\,\mathrm{kg}$.

問題 8.7　以下の運動を行う質点の座標 $(1.0, 0.0, 0.0)$ m を基準にした角運動量を計算せよ．

(1)　質点が $(1.0\cos t, 0.0, 0.0)$ m の単振動を行い，質量が $1.0\,\mathrm{kg}$.

(2)　質点が $(0.0, 1.0\cos t, 0.0)$ m の単振動を行い，質量が $2.0\,\mathrm{kg}$.

(3)　質点が $(0.0, 0.0, 1.0\cos t)$ m の単振動を行い，質量が $3.0\,\mathrm{kg}$.

(4)　質点が $(0.0, 0.0, 1.0\sin t)$ m の単振動を行い，質量が $3.0\,\mathrm{kg}$.

(5)　質点が $(1.0\cos t, 1.0\sin t, 0.0)$ m の円運動を行い，質量が $1.0\,\mathrm{kg}$.

(6)　質点が $(0.0, 1.0\cos t, 1.0\sin t)$ m の円運動を行い，質量が $2.0\,\mathrm{kg}$.

(7)　質点が $(1.0\sin t, 0.0, 1.0\cos t)$ m の円運動を行い，質量が $3.0\,\mathrm{kg}$.

(8)　質点が $(1.0\cos t, 0.0, 1.0\sin t)$ m の円運動を行い，質量が $3.0\,\mathrm{kg}$.

問題 8.8　xy 平面上の原点 O を中心とする半径 r_0 の円周上を，質量 m の質点が図 8.6 のように角速度 ω_0 で等速円運動を行っている．A：$r_0(1,0,0)$, B：$r_0(0,1,0)$, そして C：$r_0(-1,0,0)$ における質点の角運動量を考察せよ．

(1)　原点 O の周りの角運動量は A，B，C でいくらか．

(2)　点 P の周りの角運動量は A，B，C でいくらか．

問題 8.9$^\heartsuit$　質量 m の質点を，図 8.7 のように原点 O から水平投射した．投射した瞬間を時刻 $t = 0$ とし，初速度の大きさを v_0 とする．重力加速度の大きさを g として以下の問に答えよ．

(1)　時刻 t での質点の位置を求めよ．

(2)　質点に作用する原点 O の周りの重力のモーメントの大きさ N を求めよ．

注 **23**　$\cos t$ $(\sin t)$ は $\cos\omega t$ $(\sin\omega t)$ で $\omega = 1\,\mathrm{rad/s}$ のことを略して書いたものである．$\sin$ や $\cos$ の引数は無次元である．

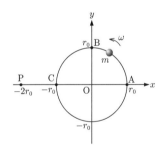

図 **8.6**　点 A, B, C と P の位置と質点の回転する向き．

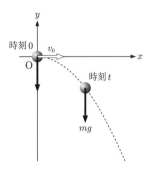

図 **8.7**　質点 m を水平投射した．

(3) 時刻 t における質点の原点 O の周りの角運動量の大きさ L を求めよ.

(4) $\dfrac{dL}{dt} = N$ であることを確認せよ.

問題 8.10$^\heartsuit$　点 e の周囲に,3 つの質量 m の質点が図 8.8 のように運動している.abcd は 1 辺 $2l$ の正方形で,辺は x または y 軸と平行である.点 e の座標は $(x_e, y_e, 0)$ で,正方形 abcd の対角線の交点である.以下の問に答えよ.

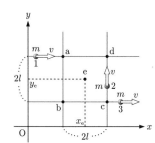

図 8.8　xy 平面上を運動する 3 点について考える.

(1) $\overrightarrow{\mathrm{ea}}, \overrightarrow{\mathrm{eb}}, \overrightarrow{\mathrm{ec}}, \overrightarrow{\mathrm{ed}}$ を求めよ.

(2) 各質点の点 e の周りの角運動量の大きさを求めよ.

(3) 3 つの質点の全角運動量の大きさを求めよ.

問題 8.11$^\spadesuit$　2 次元空間における質量 m の質点 m の運動を考える.原点を中心として,半径 R の円内では位置エネルギーは $-V_0$ になり,外側での位置エネルギーは $0\,\mathrm{J}$ である.質点が初期速度 $v_0(-1, 0)$,衝突係数 b(入射粒子の軌道を延長した際の原点 O との距離,$R > b$ とする)で入射した.以下の問に答えよ.ただし,$\alpha = \dfrac{2V_0}{mv_0^2}$ を用いてもよい.

(1) 円内に入る前の,質点 m における点 O の周りの角運動量の大きさを求めよ.

(2) エネルギー保存の法則から,円内における質点の速度の大きさ v を求めよ.

(3) 質点が円にぶつかるとき,質点 m の速度の円の接線方向成分は変化しないことを説明せよ.

(4) 質点の円内の速度ベクトルを図示せよ.ただし,質点の入射速度方向と質点が円に入射する点での法線ベクトルとの角度を φ とする.

(5) 質点が円内に入るとき,撃力を受ける.撃力の向きと撃力の力積の大きさを求めよ.

(6) 質点の円内における点 O の周りの角運動量の大きさを求めよ.

(7) 質点は円内に入るとき,どれだけの角度で進行方向を変えるか.

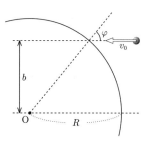

図 8.9　質量 m の質点が衝突係数 b でポテンシャルに入射する.

◆─────── 対称性と保存量 ───────◆

　本書では，保存量の重要性を強調した．この保存量は「対称性」[注24] という概念と密接に結びついている．ドイツ人の数学者ネーターによって，ネーターの定理として1915 年にこの関係は証明されている．この証明をわかりやすく解説しようと試みたのであるが，著者の力量を超えていた．興味のある読者は，将来解析力学を学ぶ際に思い出して欲しい．ここでは，このネーターの定理について，「雑談」[注25] をしておこう．

　本書で議論した「運動量の保存則」，「角運動量の保存則」そして，「エネルギーの保存則」は [注26]，それぞれ「並進対称性」，「回転対称性」，「時間原点の任意性」に関連している．

1. 並進対称性

　　座標軸の原点をどこにとっても [注27]，物理法則は同じでなければならないという空間の性質のことである．

2. 回転対称性

　　座標軸の向きをどのようにとっても，物理法則は同じでなければならないという空間の性質である．

3. 時間原点の任意性

　　時間を時間軸の任意の時刻から測定しても，物理法則は同じであるという時空間の性質である．

すべて，時空間を測定する際の「基準」のとり方によらずに，物理法則は同じでなければならないという性質である．

　注意すべきことは，これら性質は経験則であってなんらかの原理から導くことができるものではないことである．あるいは，別のいい方をすると，物理学者の「時空間はそうあるべき」という信念を表しているといっても良いかもしれない [注28]．

　この信念は今までのところ成功を収めている．例えば，熱がエネルギーの一形態であることは，エネルギー保存則が破綻しないように導入された考えだといっても良い．さらに，ニュートリノは，当初運動量保存則を破綻させないために導入された「未発見」の粒子であった．

　物理学は，この対称性という概念を用いて（すなわち，宇宙の果てでも地球上でも同じ物理法則が成り立たないといけないという信念に基づいて），地球上で得られる情報のみから，宇宙全体を理解しようという人間の営みであるといっても良いだろう．

◆────────────────◆

注24　対称性とは「球はどの方向から見ても同じに見える」ような性質である．

注25　あまり論理的ではないことを意味する．

注26　保存則 = 保存の法則

注27　原点をどのように平行移動（並進移動）させても．

注28　人間の作る法律は国ごとに（場所によって）異なる．

9 質点系の運動

お互いに相互作用している多数の質点を質点系と呼び，その全体的な運動について考察する．質量中心（重心）を定義し，その重心の運動方程式を求める．また，質点系の全角運動量の時間変化についても考察する．

9.1 直線上を運動する物体の衝突♡ ─────────────●

直線上を運動する質量 m_A〔kg〕と m_B〔kg〕の2物体 A と B について考える．注目する物体のグループを**物体系**[注1]という．それぞれの速度を最初 v_A〔m/s〕，v_B〔m/s〕とし，衝突後は v_A'〔m/s〕，v_B'〔m/s〕になったする．物体 A と B の運動量変化は，衝突時間 Δt〔s〕の間に A が B に及ぼす力を F〔N〕として

$$m_A v_A' - m_A v_A = -F\Delta t, \quad m_B v_B' - m_B v_B = F\Delta t$$

となる．ここで物体 A と B にはたらく力積は，それぞれの物体にはたらく力が作用・反作用の関係にあるので，符号は逆で大きさは同じである．これらの式より，力積を消去すると，

$$m_A v_A' + m_B v_B' = m_A v_A + m_B v_B$$

が得られ，衝突の前後で運動量の和は変化しないことを表している．

上の物体 A が B に及ぼす力 F と物体 B が A に及ぼす力 $-F$ は物体系の内部で及ぼしあう力なので，**内力**という．一方，物体系の外部から及ぼされる力を**外力**という．

内力による力積は必ず対になり，それらを加えると $\vec{0}$ N·s になる．したがって，

複数の物体が内力を及ぼしあうだけで，外力を受けなければこ
れらの物体系の運動量の総和は変化しない．

これを，**運動量保存の法則**という．

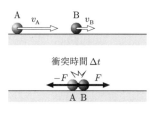

衝突時間 Δt

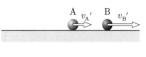

衝突前の運動量の和

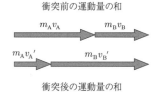

衝突後の運動量の和

図 9.1 2物体の衝突．

例題 9.1　直線上を運動する物体 A と B が衝突した．質量 1.00 kg の A の衝突前の速度は 1.00×10^1 m/s で，質量 2.00 kg の B の衝突前の速度は -5.00×10^0 m/s であった．以下の場合の物体 B の衝突後の速度を求めよ．

(1)　A と B は衝突後一体となった．

(2)　エネルギーが保存される場合．

解　(1)　衝突後の A と B は一体となったので，その速度は等しい．それを v とする．運動量保存の法則を適用すると

$$1.00\,\text{kg} \cdot 1.00 \times 10^1\,\text{m/s} + 2.00\,\text{kg} \cdot (-5.00 \times 10^0\,\text{m/s})$$
$$= (1.00\,\text{kg} + 2.00\,\text{kg})v$$

より，$v = 0.00$ m/s となる．

(2)　衝突後の A と B の速度を v_A と v_B とする．エネルギー保存の法則と運動量保存の法則を立てると，

$$\frac{1}{2}1.00\,\text{kg} \cdot (1.00 \times 10^1\,\text{m/s})^2 + \frac{1}{2}2.00\,\text{kg} \cdot (5.00 \times 10^0\,\text{m/s})^2$$
$$= \frac{1}{2}1.00\,\text{kg} \cdot v_\text{A}{}^2 + \frac{1}{2}2.00\,\text{kg} \cdot v_\text{B}{}^2$$

$$1.00\,\text{kg} \cdot 1.00 \times 10^1\,\text{m/s} + 2.00\,\text{kg} \cdot (-5.00 \times 10^0\,\text{m/s})$$
$$= 2.00\,\text{kg} \cdot v_\text{B} + 1.00\,\text{kg} \cdot v_\text{A}$$

となる．運動量保存の法則より，$v_\text{A} = -2.00 v_\text{B}$ がわかる．これをエネルギー保存の法則に代入すると，$v_\text{B}{}^2 = 2.50 \times 10^1$ m²/s² が得られる．$v_\text{B} = -5.00$ m/s は衝突が起こらなかった場合に対応するので，この問題の解としては不適である．したがって，$v_\text{B} = 5.00$ m/s が解である．

9.2　平面上での物体の衝突 ♡ ────────────●

図 9.2 のような平面上の 2 つの物体の衝突についても[注2]，運動量保存の法則は成り立つ．ただし，その場合は[注3]

$$m_\text{A}\vec{v}_\text{A}{}' + m_\text{B}\vec{v}_\text{B}{}' = m_\text{A}\vec{v}_\text{A} + m_\text{B}\vec{v}_\text{B}$$

のように，ベクトルで運動量保存の法則が表される．また，1 つの物体（質量が $(m_\text{A} + m_\text{B})$〔kg〕）が分裂して 2 つの物体（それぞれの質量が m_A〔kg〕

注2　外力ははたらいていない場合を考える．

注3　x, y, z の各成分毎に運動量保存の法則が成り立っている．

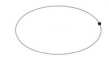

と m_B〔kg〕）になる場合や，2つの物体が合体する場合にも運動量保存の法則は成り立つ.

さて，位置ベクトル $\vec{r}_A$〔m〕と $\vec{r}_B$〔m〕にある2つの物体について，重心 $\vec{r}_G$〔m〕を

$$\vec{r}_G = \frac{m_A \vec{r}_A + m_B \vec{r}_B}{m_A + m_B}$$

と定義する. 重心の速度 $\vec{v}_G$〔m/s〕は

$$\vec{v}_G = \frac{d\vec{r}_G}{dt} = \frac{m_A \vec{v}_A + m_B \vec{v}_B}{m_A + m_B}$$

となる. 運動量保存の法則は衝突の前後でも右辺の分子が一定であることを意味しているので，衝突しても重心の速度は変化しないことがわかる（図9.3 参照）.

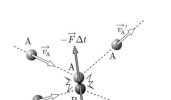

衝突前の運動量の和

衝突後の運動量の和

図9.2 平面上の衝突.

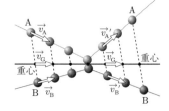

図9.3 平面上の衝突. 重心の速度は変化しない.

例題9.2　物体 A と B が衝突した後，一体となって運動した. 衝突後の速度を求めよ.

(1) 質量 1.00 kg の A の衝突前の速度は x 軸の正の向きに 5.00×10^0 m/s であった. 物体 B の質量は 1.00×10^{-2} kg で衝突前の速度は $(5.00 \times 10^2, 0.00, 1.00 \times 10^2)$ m/s であった.

(2) 質量 6.00×10^1 kg の A は衝突前静止していた. 物体 B の質量は 1.00×10^{-2} kg で衝突前の速度は $(5.00 \times 10^2, 0.00, 0.00)$ m/s であった.

解 運動量保存の法則を適用する. 衝突後の一体となった A と B の速度を $\vec{v}$〔m/s〕とする.

(1) 運動量保存の法則を立てると，

$$1.00 \text{ kg} \cdot (5.00 \times 10^0, 0.00, 0.00) \text{ m/s}$$

$$+ 1.00 \times 10^{-2} \text{ kg} \cdot (5.00 \times 10^2, 0.00, 1.00 \times 10^2) \text{ m/s}$$

$$= 1.01 \times 10^0 \text{ kg} \cdot \vec{v}$$

となる. したがって，$\vec{v} = (9.90, 0.00, 0.99)$ m/s となる.

(2) 運動量保存の法則を立てると，

$$6.00 \times 10^1 \text{ kg} \cdot (0.00, 0.00, 0.00) \text{ m/s}$$

$$+ 1.00 \times 10^{-2} \text{ kg} \cdot (5.00 \times 10^2, 0.00, 0.00) \text{ m/s}$$

$$= 6.00 \times 10^1 \text{ kg} \cdot \vec{v}$$

となる. したがって，$\vec{v} = (8.33 \times 10^{-2}, 0.00, 0.00)$ m/s となる.

9.3 反発係数 ♡ ────────────────────●

図 9.4 のように，ボールを初速度ゼロで床に落とした場合に，はね返っ
てくる高さは最初の高さより低い．これは，ボールが床と衝突する前（速
度は v〔m/s〕）と後（v'〔m/s〕）で，その速度の大きさ（速さ）が減少する
（$|v| > |v'|$）からである．その減少の程度を表すために，以下の**反発係数** e
（**はね返り係数**）を導入する．

$$e = \left| \frac{v'}{v} \right| \tag{9.1}$$

2 つのボール A と B が直線上で衝突する場合を考える．それぞれの初速
度を v_A, v_B〔m/s〕とし，衝突後の速度を v_A', v_B'〔m/s〕とする．ただし，
$v_A > v_B$ とする（図 9.1 参照）．この場合も，反発係数 e を以下のように定
義することができる．

$$e = \left| \frac{v_A' - v_B'}{v_A - v_B} \right| = -\frac{v_A' - v_B'}{v_A - v_B} \tag{9.2}$$

$e = 1$ の場合は**弾性衝突**，$0 \leq e < 1$ の場合は**非弾性衝突**と呼ばれる．特
に，$e = 0$ の場合は**完全非弾性衝突**といい，衝突後 2 つのボールは一体と
なって運動する．弾性衝突の場合には衝突の前後で運動エネルギーは変化し
ないが，非弾性衝突の場合には運動エネルギーは減少する．

物体 A が壁や床と垂直に衝突する場合は，質量が無限大の静止した物体 B
と衝突したと考えるとよい．すなわち，$v_B = v_B' = 0$ m/s を式 (9.2) に代入
すればよい．また，斜めに壁と衝突する際は，壁に対して垂直方向と平行方
向に速度を分解する．垂直方向の速度成分は今までと同じ[注 4]議論ができ，
平行方向の速度成分は変化しない．これは，壁が物体に及ぼす力は壁に垂直
方向の成分しかないからである[注 5]．

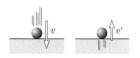

図 9.4 床でのはね返り．

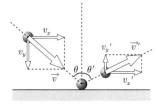

図 9.5 物体が斜めに床に衝突す
る場合．

注 4 物体の大きさが無視できて，
物体の回転を考えなくても良い
場合．

注 5 回転しているボールが壁に
ぶつかる場合は，壁に平行な速
度成分も変化する．変化球を投
げる練習をしたことがある人は，
経験があることだろう．

例題 9.3 直線上を運動する物体 A と B が衝突した．質量 1.00 kg
の A の衝突前の速度は 1.00×10^1 m/s で，質量 2.00 kg の B の衝突
前の速度は -5.00×10^0 m/s であった．以下の場合の物体 B の衝突
後の速度を求めよ．

(1) 反発係数が 0 の場合．

(2) 反発係数が e（$0 < e \leq 1$）の場合．

解 (1) 反発係数が 0 ならば，衝突後の A と B は一体となる．
　　したがって，例題 9.1 と同じである．

(2) 衝突後の A と B の速度を v_A' と v_B' とする.

$$-\frac{v_A' - v_B'}{1.00 \times 10^1 \text{ m/s} - (-5.00 \times 10^0 \text{ m/s})} = e$$

$$1.00 \text{ kg} \cdot 1.00 \times 10^1 \text{ m/s} + 2.00 \text{ kg} \cdot (-5.00 \times 10^0 \text{ m/s})$$

$$= 2.00 \text{ kg} \cdot v_B' + 1.00 \text{ kg} \cdot v_A'$$

となる.運動量保存の法則より,$v_A' = -2.00 v_B'$ がわかる.反発係数の式に代入すると,$-3.00 v_B' = e(-1.50 \times 10^1 \text{ m/s})$ となる.したがって,$v_B' = e \cdot 5.00 \text{ m/s}$ となる.$e = 1$ の場合は,完全弾性衝突(エネルギー保存の法則が成り立つ場合)の結果が得られる(例題 9.1 参照).

9.4 衝突によるエネルギーの減少

2 つのボール(質点)の衝突の際の式 (9.2) の意味を考えてみよう.運動量は保存されるので,

$$m_A v_A + m_B v_B = m_A v_A' + m_B v_B'$$

である.変形すると,

$$m_A (v_A' - v_A) = -m_B (v_B' - v_B)$$

である.この運動量保存の法則を用いて,衝突の前後の運動エネルギーの差 ΔE を考えると

$$\begin{aligned}
\Delta E &= \frac{1}{2} m_A v_A'^2 + \frac{1}{2} m_B v_B'^2 - \left(\frac{1}{2} m_A v_A^2 + \frac{1}{2} m_B v_B^2\right) \\
&= \frac{1}{2} m_A (v_A'^2 - v_A^2) + \frac{1}{2} m_B (v_B'^2 - v_B^2) \\
&= \frac{1}{2} m_A (v_A' - v_A)(v_A' + v_A) + \frac{1}{2} m_B (v_B' - v_B)(v_B' + v_B) \\
&= \frac{1}{2} m_B (v_B' - v_B)(v_B - v_A + v_B' - v_A') \\
&= \frac{1}{2} m_B (v_B' - v_B)(v_B - v_A)\left(1 + \frac{v_B' - v_A'}{v_B - v_A}\right) \\
&= \frac{1}{2} m_B (v_B' - v_B)(v_B - v_A)(1 - e)
\end{aligned}$$

となる.反発係数 e が現われていることに注意.今,物体 B に物体 A が衝突することを考えよう.その場合,$v_A > v_B$ でなければ,物体 A と B は衝突しない.また,物体 B は物体 A に押されることになるので,$v_B' > v_B$ であ

る. したがって, $\frac{1}{2}m_{\mathrm{B}}(v_{\mathrm{B}}'-v_{\mathrm{B}})(v_{\mathrm{B}}-v_{\mathrm{A}})$ は負になり, 運動エネルギー
は減少するか ($e \neq 1$, **非弾性衝突**) 変化しないか ($e = 1$, **弾性衝突**) のい
ずれかであることがわかる.

例題 9.4 直線上を運動する物体 A と B が衝突した. 質量 $1.00\,\mathrm{kg}$
の A の衝突前の速度は $1.00 \times 10^1\,\mathrm{m/s}$ で, 質量 $2.00\,\mathrm{kg}$ の B の衝突
前の速度は $-5.00 \times 10^0\,\mathrm{m/s}$ であった. 衝突後に A と B は一体に
なった. 失われたエネルギーを求めよ.

解 衝突後の速度 v は例題 9.1 より, ゼロである. したがって, 衝突
後の運動エネルギーはゼロである. 衝突前の運動エネルギーは

$$\frac{1}{2}1.00\,\mathrm{kg} \cdot (1.00 \times 10^1\,\mathrm{m/s})^2 + \frac{1}{2}2.00\,\mathrm{kg} \cdot (5.00 \times 10^0\,\mathrm{m/s})^2$$

$$= 7.50 \times 10^1\,\mathrm{J}$$

である. したがって, $7.50 \times 10^1\,\mathrm{J}$ の運動エネルギーが失われること
になる.

9.5　3個の質点について

高校では衝突する 2 個の物体しか扱わなかった. また, その間の相互作用
も衝突のような接触する場合にはたらく力であった. 大学では, それを一般
化して, N 個の質点があり, i 番目の質量 m_i の質点が時刻 t に位置 $\vec{r}_i(t)$ に
ある場合を考える. まず, その第一歩として, ここでは 3 個の質点を扱う.

この質点系を特徴づける物理量として, 質量中心 (重心) を

$$\vec{R}(t) = \frac{m_1\vec{r}_1(t) + m_2\vec{r}_2(t) + m_3\vec{r}_3(t)}{m_1 + m_2 + m_3} \tag{9.3}$$

で定義する. $m_1 + m_2 + m_3$ をこの質点系の全質量と呼び, 記号 M で表す.

$$M\frac{d\vec{R}}{dt} = m_1\frac{d\vec{r}_1}{dt} + m_2\frac{d\vec{r}_2}{dt} + m_3\frac{d\vec{r}_3}{dt} = \vec{p}_1 + \vec{p}_2 + \vec{p}_3 \tag{9.4}$$

を質点系の全運動量と呼び, 本書では記号 $\vec{P}$ で表す.

1,2,3 番目の質点に質点系以外から作用する力 (外力) を $\vec{f}_1, \vec{f}_2, \vec{f}_3$ とす
る. 質点 1 に作用する質点 2, 3 からの力 (内力) を $\vec{f}_{1,2}, \vec{f}_{1,3}$ とする[注6].
質点の運動方程式は,

$$m_1\frac{d\vec{v}_1}{dt} = \vec{f}_1 + \vec{f}_{1,2} + \vec{f}_{1,3},$$

$$m_2\frac{d\vec{v}_2}{dt} = \vec{f}_2 + \vec{f}_{2,1} + \vec{f}_{2,3},$$

注6 同様に, $\vec{f}_{2,1}, \vec{f}_{2,3}, \vec{f}_{3,1}, \vec{f}_{3,2}$ も考える.

$$m_3 \frac{d\vec{v}_3}{dt} = \vec{f}_3 + \vec{f}_{3,1} + \vec{f}_{3,2}$$

である．ただし，自分自身に及ぼす内力はないから $\vec{f}_{1,1} = \vec{f}_{2,2} = \vec{f}_{3,3} = \vec{0}\,\mathrm{N}$ である．すべての質点について和をとると，左辺は

$$\frac{d}{dt}(m_1 \vec{v}_1 + m_2 \vec{v}_2 + m_3 \vec{v}_3) = \frac{d\vec{P}}{dt} \tag{9.5}$$

となる．一方，右辺は

$$
\begin{array}{llll}
\vec{f}_1 & & +\vec{f}_{1,2} & +\vec{f}_{1,3} \\
+\vec{f}_2 & +\vec{f}_{2,1} & & +\vec{f}_{2,3} & = & \vec{f}_1 + \vec{f}_2 + \vec{f}_3 \\
+\vec{f}_3 & +\vec{f}_{3,1} & +\vec{f}_{3,2} &
\end{array}
$$

となる．$\vec{f}_{1,2}$ と $\vec{f}_{2,1}$，$\vec{f}_{1,3}$ と $\vec{f}_{3,1}$，$\vec{f}_{2,3}$ と $\vec{f}_{3,2}$ は作用・反作用の関係にあり，$\vec{f}_{1,2} = -\vec{f}_{2,1}$，$\vec{f}_{1,3} = -\vec{f}_{3,1}$，$\vec{f}_{2,3} = -\vec{f}_{3,2}$ が成り立つことを使った．結局，右辺は外力のみが残る．したがって，重心の運動方程式

$$\frac{d\vec{P}}{dt} = \vec{F} \tag{9.6}$$

が得られる．ここで，$\vec{F} = \vec{f}_1 + \vec{f}_2 + \vec{f}_3$ は各質点に作用する外力をすべて足しあわせたものである．これより，内力は重心の運動に影響を与えないことがわかる．また，質点の運動方程式と同じ形になっている点に注意．

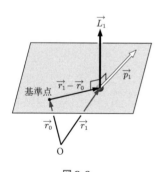

注 7　質点間にはたらく力が中心力である．

次に，内力が中心力[注7]である場合を考える．基準点 $\vec{r}_0$ の周りの各質点の角運動量は，

$$\vec{L}_1 = (\vec{r}_1 - \vec{r}_0) \times \vec{p}_1, \ \vec{L}_2 = (\vec{r}_2 - \vec{r}_0) \times \vec{p}_2, \ \vec{L}_3 = (\vec{r}_3 - \vec{r}_0) \times \vec{p}_3$$

で，力のモーメントは

$$\vec{N}_1 = (\vec{r}_1 - \vec{r}_0) \times (\vec{f}_1 + \vec{f}_{1,2} + \vec{f}_{1,3}),$$
$$\vec{N}_2 = (\vec{r}_2 - \vec{r}_0) \times (\vec{f}_2 + \vec{f}_{2,1} + \vec{f}_{2,3}),$$
$$\vec{N}_3 = (\vec{r}_3 - \vec{r}_0) \times (\vec{f}_3 + \vec{f}_{3,2} + \vec{f}_{3,1})$$

である．

図 9.6

注 8　角運動量と力のモーメントを表す変数は，通常大文字の L と N を使う．質点の番号を下付添え字として加えることで，各質点の角運動量とそれに作用する力のモーメントであることを表す．

各質点に関する角運動量は以下の式を満たす[注8]．

$$\frac{d\vec{L}_1}{dt} = \vec{N}_1, \ \frac{d\vec{L}_2}{dt} = \vec{N}_2, \ \frac{d\vec{L}_3}{dt} = \vec{N}_3$$

すべての質点についての和をとって，全角運動量 $\vec{L} = \vec{L}_1 + \vec{L}_2 + \vec{L}_3$ と力のモーメントの和 $\vec{N} = \vec{N}_1 + \vec{N}_2 + \vec{N}_3$ を考えると，

$$\frac{d\vec{L}}{dt} = \vec{N} \tag{9.7}$$

となる．

力のモーメントの和 $\vec{N}$ を考察しよう.

$$
\begin{aligned}
\vec{N} \\
= \quad & (\vec{r}_1 - \vec{r}_0) \times \vec{f}_1 & & +(\vec{r}_1 - \vec{r}_0) \times \vec{f}_{1,2} & +(\vec{r}_1 - \vec{r}_0) \times \vec{f}_{1,3} \\
+ \quad & (\vec{r}_2 - \vec{r}_0) \times \vec{f}_2 & +(\vec{r}_2 - \vec{r}_0) \times \vec{f}_{2,1} & & +(\vec{r}_2 - \vec{r}_0) \times \vec{f}_{2,3} \\
+ \quad & (\vec{r}_3 - \vec{r}_0) \times \vec{f}_3 & +(\vec{r}_3 - \vec{r}_0) \times \vec{f}_{3,1} & +(\vec{r}_3 - \vec{r}_0) \times \vec{f}_{3,2} \\
= \quad & (\vec{r}_1 - \vec{r}_0) \times \vec{f}_1 & & +(\vec{r}_1 - \vec{r}_0) \times \vec{f}_{1,2} & +(\vec{r}_1 - \vec{r}_0) \times \vec{f}_{1,3} \\
+ \quad & (\vec{r}_2 - \vec{r}_0) \times \vec{f}_2 & -(\vec{r}_2 - \vec{r}_0) \times \vec{f}_{1,2} & & +(\vec{r}_2 - \vec{r}_0) \times \vec{f}_{2,3} \\
+ \quad & (\vec{r}_3 - \vec{r}_0) \times \vec{f}_3 & -(\vec{r}_3 - \vec{r}_0) \times \vec{f}_{1,3} & -(\vec{r}_3 - \vec{r}_0) \times \vec{f}_{2,3} \\
= \quad & (\vec{r}_1 - \vec{r}_0) \times \vec{f}_1 & & +(\vec{r}_1 - \vec{r}_2) \times \vec{f}_{1,2} & +(\vec{r}_1 - \vec{r}_3) \times \vec{f}_{1,3} \\
+ \quad & (\vec{r}_2 - \vec{r}_0) \times \vec{f}_2 & & & +(\vec{r}_2 - \vec{r}_3) \times \vec{f}_{2,3} \\
+ \quad & (\vec{r}_3 - \vec{r}_0) \times \vec{f}_3 \\
= \quad & (\vec{r}_1 - \vec{r}_0) \times \vec{f}_1 & +(\vec{r}_2 - \vec{r}_0) \times \vec{f}_2 & +(\vec{r}_3 - \vec{r}_0) \times \vec{f}_3
\end{aligned}
$$

となる[注9]. よって,

$$
\frac{d\vec{L}}{dt} = (\vec{r}_1 - \vec{r}_0) \times \vec{f}_1 + (\vec{r}_2 - \vec{r}_0) \times \vec{f}_2 + (\vec{r}_3 - \vec{r}_0) \times \vec{f}_3 \quad (9.8)
$$

となり,全角運動量の時間変化を考える場合には,内力を考慮する必要がないことがわかる.

後で示すが,質点の数が4個以上の場合でも,質点系全体の運動量と角運動量を考察する際には,内力は考えなくてもよい.

注9 最初の式変形では,内力の間の作用・反作用の関係を用いた. 最後の式変形では,内力が中心力であるので,内力に関する力のモーメントがゼロになることを用いた（8.2節と8.4節参照）.

9.6　孤立系

外力が作用していない質点系を孤立系と呼ぶ. このような孤立系では,全運動量と全角運動量は保存される. ただし,質点系内の内力によって,質点が相対的に動くことはありうる.

例えば,太陽と惑星は他の恒星や他の惑星からの万有引力を無視すれば,孤立系と考えることができる. そして,太陽と惑星の間の万有引力が内力となる. また,惑星と太陽のもつ角運動量は保存されなければならず,惑星は公転することがわかる. また,円軌道ならば,惑星の公転する速さも一定であることが角運動量の保存からわかる.

9.7　質点系と重心

高校では,衝突する2個の物体しか扱わなかった. また,その間の相互作

用も衝突のような接触する場合にはたらく力であった．ここでは，それを一般化して，N 個の質点があり，i 番目の質量 m_i の質点が時刻 t に位置 $\vec{r}_i(t)$ にある場合を考えよう．これらの質点の集合を質点系と呼ぶことにする．

この質点系を特徴づける物理量として，質量中心（重心）を[注10]

注10　$\sum\limits_{i=1}^{N}\alpha_i$ は $\alpha_1+\alpha_2+\cdots+\alpha_N$ を表す数学記号である．多数の同じような対象を扱う上で便利なので，その使い方を以下で学ぶ．

$$\vec{R}(t) = \frac{\sum\limits_{i=1}^{N} m_i\, \vec{r}_i(t)}{\sum\limits_{i=1}^{N} m_i} \tag{9.9}$$

で定義する．$\sum\limits_{i=1}^{N} m_i$ をこの質点系の全質量と呼び，記号 M で表す．

$$\sum_{i=1}^{N} m_i \frac{d\vec{r}_i}{dt} = \sum_{i=1}^{N} \vec{p}_i \tag{9.10}$$

を質点系の全運動量と呼び，本書では記号 $\vec{P}$ で表す．

9.8　重心の運動方程式の導出 ♦[注11]

注11　以下は数式を書く練習になるので，ぜひ「写経」のように何度も書いて「慣れる」こと．

注12　$\vec{f}_i$ は i 番目の質点だけしかなく，他の質点がない場合に i 番目の質点に作用する力である．

i 番目の質点に作用する力を，質点系以外からの力（外力）$\vec{f}_i$[注12] と質点系内の他の j 番目の質点からの力（内力）$\vec{f}_{i,j}$ に分ける．i 番目の質点の運動方程式は，

$$m_i \frac{d\vec{v}_i}{dt} = \vec{f}_i + \sum_{j=1}^{N} \vec{f}_{i,j} \tag{9.11}$$

である．ただし，自分自身に及ぼす内力はないから $\vec{f}_{i,i} = \vec{0}$ N である．すべての質点について和をとると，左辺は

$$\frac{d}{dt} \sum_{i=1}^{N} m_i\, \vec{v}_i = \frac{d\vec{P}}{dt} \tag{9.12}$$

となる．一方，右辺は

$$\sum_{i=1}^{N} \vec{f}_i + \sum_{i=1}^{N} \left(\sum_{j=1}^{N} \vec{f}_{i,j} \right) \tag{9.13}$$

となる．右辺第 2 項の 2 重の和は，

$$
\begin{array}{cccccc}
 & +\vec{f}_{1,2} & +\vec{f}_{1,3} & \cdots & +\vec{f}_{1,N-1} & +\vec{f}_{1,N} \\
+\vec{f}_{2,1} & & +\vec{f}_{2,3} & \cdots & +\vec{f}_{2,N-1} & +\vec{f}_{2,N} \\
+\vec{f}_{3,1} & +\vec{f}_{3,2} & & \cdots & +\vec{f}_{3,N-1} & +\vec{f}_{2,N} \\
\vdots & \vdots & \vdots & \ddots & \vdots & \vdots \\
+\vec{f}_{N-1,1} & +\vec{f}_{N-1,2} & +\vec{f}_{N-1,3} & \cdots & & +\vec{f}_{N-1,N} \\
+\vec{f}_{N,1} & +\vec{f}_{N,2} & +\vec{f}_{N,3} & \cdots & +\vec{f}_{N,N-1} &
\end{array}
$$

となる. $\vec{f}_{i,j}$ と $\vec{f}_{j,i}$ は作用・反作用の関係にあり, $\vec{f}_{i,j} = -\vec{f}_{j,i}$ が成り立つ. したがって, 右辺第2項は,

$$
\begin{array}{cccccc}
 & +\vec{f}_{1,2} & +\vec{f}_{1,3} & \cdots & +\vec{f}_{1,N-1} & +\vec{f}_{1,N} \\
-\vec{f}_{1,2} & & +\vec{f}_{2,3} & \cdots & +\vec{f}_{2,N-1} & +\vec{f}_{2,N} \\
-\vec{f}_{1,3} & -\vec{f}_{2,3} & & \cdots & +\vec{f}_{3,N-1} & +\vec{f}_{2,N} \\
\vdots & \vdots & \vdots & \ddots & & \vdots \\
-\vec{f}_{1,N-1} & -\vec{f}_{2,N-1} & -\vec{f}_{3,N-1} & \cdots & & +\vec{f}_{N-1,N} \\
-\vec{f}_{1,N} & -\vec{f}_{2,N} & -\vec{f}_{3,N} & \cdots & -\vec{f}_{N-1,N} &
\end{array}
\quad = \quad \vec{0}\,\mathrm{N}
$$

のようにお互いに打ち消しあい, 右辺は外力のみが残る. よって, 重心の運動方程式

$$
\frac{d\vec{P}}{dt} = \vec{F} \tag{9.14}
$$

が得られる. ここで, $\vec{F} = \displaystyle\sum_{i=1}^{N} \vec{f}_i$ は各質点に作用する外力をすべて足しあわせたものである. 内力は重心の運動に影響を与えないことが重要である. また, 質点の運動方程式と同じ形になっている点に注意すること.

9.9 質点系に作用する力のモーメントとその角運動量♠ ──●

N 個の質点からなる質点系の i 番目の質点（位置 $\vec{r}_i$, 質量 m_i）に, 外力 $\vec{f}_i$ と内力 $\vec{f}_{i,j}$ が作用している場合を考える. ただし, 内力は中心力, すなわち $\vec{f}_{i,j}$ の向きは $\vec{r}_i - \vec{r}_j$ と平行である場合を考える[注13].

基準点 $\vec{r}_0$ の周りの各質点の角運動量は

$$
\vec{L}_i = (\vec{r}_i - \vec{r}_0) \times \vec{p}_i
$$

で, 力のモーメントは

$$
\vec{N}_i = (\vec{r}_i - \vec{r}_0) \times (\vec{f}_i + \sum_{j=1}^{N} \vec{f}_{i,j})
$$

である. 各質点に関する角運動量は以下の式を満たす.

$$
\frac{d\vec{L}_i}{dt} = \vec{N}_i \tag{9.15}
$$

すべての質点についての和をとって, 全角運動量 $\vec{L} = \displaystyle\sum_{i=1}^{N} \vec{L}_i$ と力のモーメ

注13　i や j は多数ある質点を特定する（どれかを指定する）ために用いる. Σ の記号とともに, 多数の質点を簡便に取り扱うことができるようになる.

ントの和 $\vec{N} = \displaystyle\sum_{i=1}^{N} \vec{N}_i$ を考えると,

$$\frac{d\vec{L}}{dt} = \vec{N} \tag{9.16}$$

となる.

　力のモーメントの和 $\vec{N}$ を考察しよう.

$$\vec{N} \;=\; \sum_{i=1}^{N}(\vec{r}_i - \vec{r}_0) \times \vec{f}_i + \sum_{i=1}^{N}\left(\sum_{j=1}^{N}(\vec{r}_i - \vec{r}_0) \times \vec{f}_{i,j}\right) \tag{9.17}$$

内力に関する部分を考察する.

$$\sum_{i=1}^{N}\left(\sum_{j=1}^{N}(\vec{r}_i - \vec{r}_0) \times \vec{f}_{i,j}\right)$$

$$
\begin{aligned}
= \quad & & +(\vec{r}_1-\vec{r}_0)\times\vec{f}_{1,2} & +(\vec{r}_1-\vec{r}_0)\times\vec{f}_{1,3} & \ldots & +(\vec{r}_1-\vec{r}_0)\times\vec{f}_{1,N} \\
& +(\vec{r}_2-\vec{r}_0)\times\vec{f}_{2,1} & & +(\vec{r}_2-\vec{r}_0)\times\vec{f}_{2,3} & \ldots & +(\vec{r}_2-\vec{r}_0)\times\vec{f}_{2,N} \\
& +(\vec{r}_3-\vec{r}_0)\times\vec{f}_{3,1} & +(\vec{r}_3-\vec{r}_0)\times\vec{f}_{3,2} & & \ldots & +(\vec{r}_3-\vec{r}_0)\times\vec{f}_{3,N} \\
& \vdots & \vdots & \vdots & \ddots & \vdots \\
& +(\vec{r}_N-\vec{r}_0)\times\vec{f}_{N,1} & +(\vec{r}_N-\vec{r}_0)\times\vec{f}_{N,2} & +(\vec{r}_N-\vec{r}_0)\times\vec{f}_{N,3} & \ldots
\end{aligned}
$$

$$
\begin{aligned}
= \quad & & +(\vec{r}_1-\vec{r}_0)\times\vec{f}_{1,2} & +(\vec{r}_1-\vec{r}_0)\times\vec{f}_{1,3} & \ldots & +(\vec{r}_1-\vec{r}_0)\times\vec{f}_{1,N} \\
& -(\vec{r}_2-\vec{r}_0)\times\vec{f}_{1,2} & & +(\vec{r}_2-\vec{r}_0)\times\vec{f}_{2,3} & \ldots & +(\vec{r}_2-\vec{r}_0)\times\vec{f}_{2,N} \\
& -(\vec{r}_3-\vec{r}_0)\times\vec{f}_{1,3} & -(\vec{r}_3-\vec{r}_0)\times\vec{f}_{2,3} & & \ldots & +(\vec{r}_3-\vec{r}_0)\times\vec{f}_{3,N} \\
& \vdots & \vdots & \vdots & \ddots & \vdots \\
& -(\vec{r}_N-\vec{r}_0)\times\vec{f}_{1,N} & -(\vec{r}_N-\vec{r}_0)\times\vec{f}_{2,N} & -(\vec{r}_N-\vec{r}_0)\times\vec{f}_{3,N} & \ldots
\end{aligned}
$$

$$
\begin{aligned}
= \quad & & +(\vec{r}_1-\vec{r}_2)\times\vec{f}_{1,2} & +(\vec{r}_1-\vec{r}_3)\times\vec{f}_{1,3} & \ldots & +(\vec{r}_1-\vec{r}_N)\times\vec{f}_{1,N} \\
& & & +(\vec{r}_2-\vec{r}_3)\times\vec{f}_{2,3} & \ldots & +(\vec{r}_2-\vec{r}_N)\times\vec{f}_{2,N} \\
& & & & \ldots & +(\vec{r}_3-\vec{r}_N)\times\vec{f}_{3,N} \\
& & & & \ddots & \vdots
\end{aligned}
$$

$$= \quad \vec{0}\ \mathrm{N\cdot m}$$

となる. ここでは, $\vec{f}_{i,j}$ と $\vec{f}_{j,i}$ は作用・反作用の関係にあるので $\vec{f}_{i,j} = -\vec{f}_{j,i}$ が成り立つことと, $\vec{f}_{i,j}$ は中心力であるので $(\vec{r}_i - \vec{r}_j) \times \vec{f}_{i,j} = \vec{0}\ \mathrm{N\cdot m}$ となることを用いた. したがって,

$$\frac{d\vec{L}}{dt} = \sum_{i=1}^{N}(\vec{r}_i - \vec{r}_0) \times \vec{f}_i \tag{9.18}$$

となり, 全角運動量の時間変化を考える場合には, 内力を考慮する必要がないことがわかる.

章末問題

問題 9.1♡   質量 $2.0\,\mathrm{kg}$ の質点 A が，x 軸上を速度 $1.00 \times 10^1\,\mathrm{m/s}$ で運動している．質量 $3.0\,\mathrm{kg}$ の質点 B も x 軸上を速度 $-5.0\,\mathrm{m/s}$ で運動していて，時刻 $t = 0\,\mathrm{s}$ に両質点は衝突した．A と B の間の反発係数を 0.50 として，衝突後の両質点の速度を求めよ．

問題 9.2♡ x 軸上に制限された運動を考える．質量 $2.0\,\mathrm{kg}$ の台車 A が速度 $5.0\,\mathrm{m/s}$ で進んでいる．一方，質量 $4.0\,\mathrm{kg}$ の台車 B が速度 $2.0\,\mathrm{m/s}$ で進んでいる．この 2 つの台車は時刻 $t = 0\,\mathrm{s}$ で衝突し，以後一体となって運動した．一体となった後の速度を求めよ．

問題 9.3♡   質量 $4.0\,\mathrm{kg}$ と $2.0\,\mathrm{kg}$ の台車 A と B がある．これらの台車の間に軽いバネを挟み，そのばねを押し縮めた状態で伸びないように，軽くて伸び縮みしない糸で台車 A と B を結んだ．この状態で台車 A と B が x 軸上を速度 $4.0\,\mathrm{m/s}$ で動いている．時刻 $t = 0\,\mathrm{s}$ に糸を静かに切った．ばねが自然長になった後は，台車 A と B は別々に運動を始め，台車 A の速度は $3.0\,\mathrm{m/s}$ になった．

(1) 糸を切る前の台車 A と B の運動エネルギーの和を求めよ．

(2) 糸を切った後の台車 B の速度を求めよ．

(3) 糸を切った後の台車 A と B の運動エネルギーの和を求めよ．

(4) 糸を切る前のばねの弾性エネルギーを求めよ．

問題 9.4♡   なめらかな水平面に質量 $1.0 \times 10\,\mathrm{kg}$ の台車 A,B が 2 台並べて置かれている．台車 A には質量 $2.5 \times 10\,\mathrm{kg}$ の子供が乗っていた．子供は台車 A から台車 B にジャンプした[注14]．その子供が宙に浮いているときの水平方向の速さは $1.0\,\mathrm{m/s}$ であった．

(1) 台車 A は子供がジャンプした方向と反対方向に動き出す．子供がジャンプした際に，台車 A が受ける力積の大きさと動き出した台車 A の速さを求めよ．

(2) 子供が着地した台車 B は子供と一体となって運動を始める．この台車の速さを求めよ．

(3) 子供がジャンプする前と台車 B に着地した後での全体の運動エネルギーを計算せよ．

(4) この運動エネルギーの変化の理由は何か？

問題 9.5♡   水平でなめらかな面上に質量 M の材木が置かれている．そこ

[注14] 危ないから「良い子」はしないように．

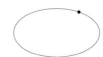

に質量 m, 速度の大きさ v の弾丸を撃ちこんだ. ただし, $M > m$ である. 弾丸が材木に対して静止するまでに, はたらく力の大きさは F で一定であると仮定する. 以下の問に答えよ.

(1) 弾丸と材木が一体になって, 運動するようになったときの速度の大きさを求めよ.

(2) 弾丸が材木に与える力積を求めよ.

(3) 弾丸が材木に対して静止するまでの時間を求めよ.

(4) 弾丸が材木にめり込む深さを求めよ.

問題 9.6♡　図 9.7 のように座標軸をとる. 質量 4.0 kg の質点 A の速度は $(3.0, 0.0)$ m/s で, 質量 5.0 kg の質点 B の速度は $(0.0, -2.0)$ m/s である. 時刻 $t = 0$ s で質点 A と B は衝突した. 衝突後 A の速度の x 成分は 0.0 m/s, 衝突後 B の速度の y 成分は 0.0 m/s となった.

(1) 衝突後の質点 A と B の速度を求めよ.

(2) 質点 A が質点 B に及ぼす力積を求めよ.

(3) 質点 B が質点 A に及ぼす力積を求めよ.

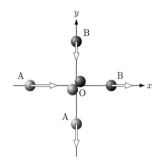

図 9.7　2 質点が衝突して向きを変える.

問題 9.7♡　図 9.8 のように座標軸をとる. 質量 m の質点 A の速度は $v_0(1, 0)$ で, 質量 M の質点 B は静止していた. ただし, $M > m$ とする. 弾性衝突後は図のように A と B は運動した. 衝突後の質点 A と B の速度の大きさ v_A と v_B を求めよ.

問題 9.8♡　質量 1.0×10^{-1} kg の物体を壁に向かって 2.0×10 m/s で水平な床上を滑らせた. 物体は壁に垂直にぶつかって, はね返された. この物体は平均の強さ 3.0×10^2 N で 1.0×10^{-2} s 間, 壁から垂直な力を受けた. 以下の問に答えよ.

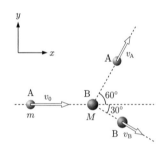

図 9.8　2 質点が衝突する.

(1) 物体が受けた力積を求めよ. ただし, 物体が壁にぶつかる前にもっていた運動量を正とする向きに座標軸をとる.

(2) はね返った後の物体の速度を求めよ.

(3) 反発係数を求めよ.

(4) ぶつかる前後の物体の運動エネルギーを計算して, 衝突によって失われた運動エネルギーを求めよ.

問題 9.9♡　図 9.9 のように, 質量 m の質点がなめらかな壁と角度 θ_1 で衝突し角度 θ_2 ではね返った.

(1) θ_1 と θ_2 の大小関係を議論せよ.

(2) 壁と質点の間の反発係数を求めよ.

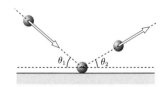

図 9.9　質点が斜めに壁に衝突する場合.

問題 9.10♡　質量 m, 速度の大きさが $2.4\,\mathrm{m/s}$ の質点がなめらかな壁と衝突した. 衝突と反射の角度は図 9.10 の通りである. 壁に平行に x 軸をとり, 壁の法線を y 軸とする.

(1) 衝突前の質点の速度をベクトル (v_x, v_y) の形で表せ.

(2) 衝突後の質点の速度の大きさを求めよ.

(3) 反発係数を求めよ.

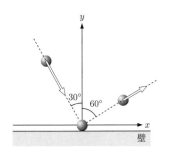

図 9.10　質点が斜めに壁に衝突する具体的な場合.

問題 9.11♡　水平な面に質量 m_1 の質点 1 が x 軸の正の向きに速さ v_1 で, 質量 m_2 の質点 2 が y 軸の正の向きに速度 v_2 で運動していて, 時刻 $t = 0\,\mathrm{s}$ に原点 O で衝突した. 衝突後は一体となって速さ V で運動した.

(1) 衝突後の進行方向と x 軸との角度を θ とする. $\tan\theta$ を求めよ.

(2) V を求めよ.

問題 9.12♡　鉛直面（xz 面）内を 2 つの質点が運動する. 重力加速度の大きさは g で, 鉛直上向きを z 軸の正の向きとする. 2 つの質点はある時刻に衝突し, 衝突後は一体となって運動した. 以下の問に答えよ.

(1) 質量 m の質点 1 が初速度 $v_0(1, 0, 0)$ で, 点 $L(-1, 0, 0)$ から投げ出された. 時刻 t における, この質点の位置 $\vec{r}_1(t)$ と運動量 $\vec{p}_1(t)$ を求めよ. ただし, 衝突するまでの運動を考える.

(2) 質量 m の質点 2 が初速度 $v_0(-1, 0, 0)$ で, 点 $L(1, 0, 0)$ から投げ出された. 時刻 t における, この質点の位置 $\vec{r}_2(t)$ と運動量 $\vec{p}_2(t)$ を求めよ. ただし, 衝突するまでの運動を考える.

(3) 質点 1 と 2 を質点系と考えて, 時刻 t における重心の位置 $\vec{r}_G(t)$ と運動量 $\vec{p}_G(t)$ を求めよ.

(4) 衝突した際に質点 1 が質点 2 から受ける力積を求めよ.

(5) 衝突した際に質点 1 と 2 が失う運動エネルギーを求めよ.

問題 9.13♡　質量 m の物体が原点 O から, 水平面から $\pi/4$ の角度, 初速度の大きさ v_0 で打ち上げられた. 軌道の最も高いところで, この物体は質量の等しい 2 つの破片に水平面と平行に分裂した. ここで, 軌道の最も高いところの座標を $(h_\mathrm{m}, 0\,\mathrm{m}, z_\mathrm{m})$ とすると, ひとつは $(h_\mathrm{m}, h_\mathrm{m}, 0\,\mathrm{m})$ に落下した. ただし, 重力加速度の大きさを g とする.

(1) 最高点の座標を求めよ.

(2) $(h_\mathrm{m}, h_\mathrm{m}, 0\,\mathrm{m})$ に落下する破片の分裂直後の速度を求めよ.

(3) もう 1 つの破片の分裂直後の速度を求めよ.

(4) もう 1 つの破片の落ちる位置を求めよ.

◆────── 空中で飛行機を支える力 ──────◆

　一定の高度を，水平飛行（等速直線運動）している飛行機にはたらいている力について考えよう．以下の考察は，第 7 章で触れたフェルミ推定の例である．

　飛行機にはたらく力の合力はゼロでなければならない．飛行機にはプロペラやジェットエンジンがついているので，前向きの力（推進力）がはたらいているのは直感的に明らかであろう．また，重力がはたらいていることも疑う余地はない．また，高速道路を走っている車の窓から手を少し[注15]出すと，空気の抵抗を受けることを実感できるので，推進力と空気の抵抗がつりあっているだろうことは推察できる．

注15　危ないので，少しだけにすること．

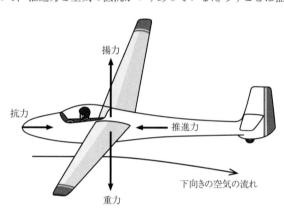

図 9.11　水平飛行中の飛行機にはたらく力．はたらく力の合力はゼロである．飛行機のために空気は下向きに流れを変える．

注16　地上にいるときの飛行機の主翼は垂れ下がっている．一方，飛行中の主翼は揚力のために上に引っ張り上げられている．飛行機に乗る機会があれば，ぜひ確かめると良い．

　問題は重力とつりあう力である．通常，この力は揚力と呼ばれ主として翼で発生する[注16]．揚力は翼の周辺での空気の流れに対してベルヌーイの定理を適用して説明することが多いが，ここでは飛行機から十分離れたところの相対的な空気の流れについて考えよう．図 9.11 のように飛行機の存在のために空気の流れが下方に向く，すなわち，空気は飛行機から力を受けるはずで，その反作用が飛行機を支える力になる．さて，空気の流れの角度変化を概算してみよう．具体的に計算を行うために，速さ 25 m/s で飛行している翼長（主翼の長さ，スパンという）が 10 m で，搭乗者を含めた質量が 300 kg の飛行機を考える[注17]．

注17　これらの数値は 1 人あるいは 2 人乗りのグライダーの典型的な値である．グライダーは厳密には水平飛行はできないが，ある高度で前方にどれだけ進めるかを表す滑空比は 30 ぐらいのものも多く，近似的に水平飛行を行うと考えても良い．

　図 9.12 のように，飛行機の存在によって空気の流れが変化する領域は，主翼の上下 5 m 程度だと考えるのは妥当であろう．大きさが 10 m 程度のモノが動いて 100 m 離れたところの空気の流れが変化するとは考えにくいし，1 m だけというのも小さすぎるだろう．特急電車が駅を通過する際に巻き込む風が発生する領域を考えても，領域を 5 m と見積もるのは妥当だと考えられる．さて，飛行機は速さ 25 m/s で飛行しているので，1 s の間に下向きに動く空気の体積は

　　主翼の長さ × 影響を受ける範囲 × 飛行機の速さ × 1 s = $10 \times 10 \times 25 \, \mathrm{m}^3$

と見積もることができる．空気の密度はだいたい $1 \, \mathrm{kg/m}^3$ なので，上記の空気の質量は $2.5 \times 10^3 \, \mathrm{kg}$ となる．これだけの質量の空気が受ける運動量変化は，空気が得る下向きの速さを v とすると

$$2.5 \times 10^3 \, \mathrm{kg} \cdot v$$

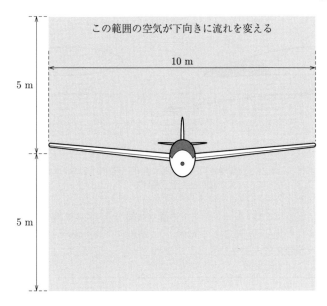

この範囲の空気が下向きに流れを変える

10 m

5 m

5 m

図 9.12　飛行機のために下向きに流れを変える空気の領域.

である. この運動量変化は水平飛行している飛行機が 1 s の間に空気に与えており, その力の大きさを F とすると,

$$F \cdot 1\,\mathrm{s} \sim 2.5 \times 10^3\,\mathrm{kg} \cdot v$$

でなければならない. 一方, この F の反作用が重力とつりあっているので, 飛行機は水平飛行を行うことができる. したがって, F の大きさは

$$F = 300\,\mathrm{kg} \cdot 9.8\,\mathrm{m/s^2}$$

である. 以上の考察によって,

$$300\,\mathrm{kg} \cdot 9.8\,\mathrm{m/s^2} \cdot 1\,\mathrm{s} \sim 2.5 \times 10^3\,\mathrm{kg} \cdot v$$

より v を推定することができる. この場合, $v \sim 1\,\mathrm{m/s}$ であれば, 飛行機は水平飛行できる. 飛行機の速さは 25 m/s だから, 空気が下向きに流れを変える角度は

$$\frac{1}{25}\,\mathrm{rad} \sim 7°$$

と求めることができる. 空気の流れの変化はあまり大きくなくても, 飛行機を支える揚力を十分得ることができることがわかる.

　さて, 以上の空気の流れの変化という観点から, 旅客機の離着陸時と高空を飛んでいる際の違いについて考えよう. 高空を飛んでいるときの旅客機の速さは大きいので空気の流れの角度変化はわずかでよいことがわかるであろう. したがって, 旅客機の翼の断面はほとんどまっすぐである. しかしながら, 離着陸時は旅客機の速度は小さいので, 旅客機の重量を支えるためには大きな空気の流れの角度変化が必要である. そのために離着陸時に現れて, 実効的に主翼の湾曲度を大きくする装置がフラップである.

高速（巡航）時 低速（離着陸）時

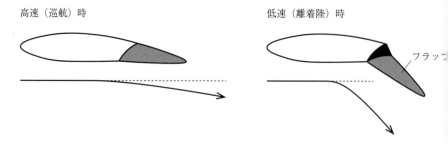

フラップ

図 9.13 旅客機の巡航時と離着陸時の主翼断面の変化．離着陸時にはフラップが出て，主翼断面の湾曲が大きくなって，空気の流れを大きく曲げる．

　さて，夏に行われる鳥人間コンテストの滑空機部門で，長距離飛行を達成する機体は水面すれすれを飛んでいることに気がつくであろう．飛行機の周囲の空気の流れの観点から何故か考えてみよう[注18]．

注18 ヒントは地面効果である．

10

剛体の力学

質点系の特殊なものとして質点間の距離が変化しない場合を考え，剛体[注1]のモデルとする．剛体では内力を考察する必要はなくなり，全運動量，全角運動量，外力の合力，外力による力のモーメントを考慮すれば，その運動を理解することができる．

注1 剛体とは，有限の大きさがあって変形しないモノである．

10.1 力のモーメント♡

大きさのある物体では，**平行移動（並進運動）**だけでなく，**回転運動**も行う．図 10.1 のように，天秤におもりをつり下げて静止している状態を考える．左側のおもりによる力 F_1〔N〕は棒を半時計回りに，右側のおもりによる力 F_2〔N〕は棒を時計回りに回転させようとする．そして，その作用は回転軸からのそれぞれの距離 l_1〔m〕と l_2〔m〕にも依存する．棒が静止しているときには，これらの量の間には，

$$F_1 l_1 = F_2 l_2$$

の関係がある．

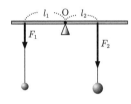

図10.1 おもりをつり下げた棒のつりあい．

このように，物体にはたらく力 F〔N〕と回転軸上の点 O から力の作用線におろした垂線の長さ（うでの長さ）の積（図 10.2 参照）

$$N = F(l\sin\theta) = (F\sin\theta)l = Fl\sin\theta$$

は，点 O の周りに回転させる力のはたらきを表している．この N〔N·m〕を[注2]点 O の周りの**力のモーメント**という[注3]．

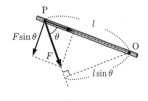

図10.2 力のモーメント．

注2 力のモーメントの単位はニュートンメートル（N·m）である．

注3 この「力のモーメント」は，ある回転軸が決められた場合の「本来はベクトルである」力のモーメントの「大きさ」である．

例題 10.1 アルキメデスは

　　　　　我に支点を与えよ．されば地球をも動かさん

といったそうである．この言葉の実現性について検討してみよう．

仮想的に地球と同じ質量をもった物体（6.0×10^{24} kg）をてこを使って人間の力で動かす場合を考えよう．支点から物体の距離を 1.0 m とすると支点から力点の距離はどの程度だろうか？　物体は

仮に $9.8\,\mathrm{m/s^2}$ の重力加速度のもとにあり，人間の出すことができる力は $1.0 \times 10^3\,\mathrm{N}$ とする．

解 $9.8\,\mathrm{m/s^2}$ の重力加速度のもとにある地球質量による力のモーメントは，$(9.8\,\mathrm{m/s^2}) \cdot (6.0 \times 10^{24}\,\mathrm{kg}) \cdot (1.0\,\mathrm{m}) = 5.9 \times 10^{25}\,\mathrm{N \cdot m}$ である．人間の出すことができる力は $1.0 \times 10^3\,\mathrm{N}$ と仮定したので，必要なモーメントの腕の長さは $(5.9 \times 10^{25}\,\mathrm{N \cdot m})/(1.0 \times 10^3\,\mathrm{N}) = 5.9 \times 10^{22}\,\mathrm{m}$ となる．

なお，地球質量の「物体」としてもっともコンパクトなものはブラックホールである．この場合，その半径（シュワルツシルト半径）は約 $0.9\,\mathrm{cm}$ になる．てこの端に十分「置く」ことができる大きさである．一方，光が 1 年間に進む距離を 1 光年と呼び，$9.5 \times 10^{15}\,\mathrm{m}$ である．アルキメデスが地球を動かすために必要な棒の長さは，6.2×10^6 光年になる[注4]．

注 4　アルキメデスはちょっと言い過ぎたようである．もっとも，アルキメデスが生きていた紀元前では，地球のことはよくわかっていなかったので，彼のいう「地球」とは「とても重たいモノ」ぐらいの意味であったのだろう．

10.2　剛体のつりあい I♡

大きさがあり，力を加えても変形しない仮想的な物体を**剛体**という．剛体にいくつかの力 $\vec{F}_1, \vec{F}_2, \cdots, \vec{F}_n\,[\mathrm{N}]$ が作用しているのに静止している場合，これらの力の間には

$$\vec{F}_1 + \vec{F}_2 + \cdots + \vec{F}_n = \vec{0}\,\mathrm{N}$$

の関係が成り立っていなければならない．これは剛体が並進運動をしないために必要な条件である．また，ある軸の周りでこれらの力に対応した力のモーメントを $N_1, N_2, \cdots, N_n\,[\mathrm{N \cdot m}]$ とすれば，剛体が回転しないためには，

$$N_1 + N_2 + \cdots + N_n = 0\,\mathrm{N \cdot m}$$

でなければならない．

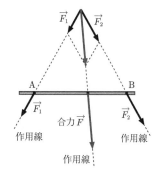

図 10.3　力の合成．

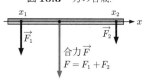

図 10.4　平行な力の合成．

力の作用点を作用線上で動かしても，力が剛体を動かすはたらきは変わらない．また，剛体の回転軸上の点からの距離は作用点を作用線上で動かしても変化せず，力が剛体を回転させるはたらきも変わらない．したがって，平行でない力の合成は図 10.3 のように行うことができる．

しかしながら，力が平行な場合は図 10.3 の方法では合成することはできない．簡単のために図 10.4 のように，2 つの力は y 軸に平行で $F_1\,[\mathrm{N}]$ と $F_2\,[\mathrm{N}]$ であるとしよう．これらの力の作用点は x 軸上にあると仮定してもよいので[注5]，そのうでの長さを符号も含めて $x_1\,[\mathrm{m}]$ と $x_2\,[\mathrm{m}]$ とする[注6]．

注 5　作用点が x 軸上になければ，作用線上に平行移動すればよい．

注 6　回転の中心を x 軸の原点とする．

剛体の並進運動に関する合力は y 軸方向の $F_1 + F_2$ である．一方，力のモーメントも合成によって変化してはならないので，$x_1 F_1 + x_2 F_2 = x(F_1 + F_2)$ でなければならない．よって，合力の作用点の座標は $\dfrac{x_1 F_1 + x_2 F_2}{F_1 + F_2}$〔m〕となる注7．

平行で向きが逆向きでその大きさが同じ 2 つの力の場合（図 10.5）には，合力はゼロになるが，力のモーメントはゼロでない値をもつ．すなわち，このような力は物体を並進運動させるはたらきはないが，物体を回転させるはたらきはある．このような 1 組の力を**偶力**という．2 つの力の大きさを F〔N〕とし，その作用線の間の距離を a〔m〕とすれば，偶力のモーメントは $N = Fa$ となる．

注7 F_1〔N〕と F_2〔N〕の符号が等しければ，作用点は 2 つの力を内分する点になり，符号が異なっていれば外分する点になる．

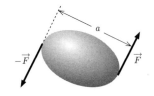

図 10.5 偶力．

例題 10.2 偶力となる 1 組の力を 1 つの力（合力）におきかえることは可能か考察せよ．

解 背理法を使って考えてみよう．仮に偶力を 1 つの力でおきかえることができたとしよう．偶力のように物体を回転させる作用をもつはずだから，その力は $\vec{0}$ N であってはならない．しかしながら，有限の大きさの力が 1 つだけ作用すれば，並進運動に影響を与えるはずである．これは，偶力が並進運動に影響しないという性質に反する．

したがって，偶力を 1 つの力におきかえることはできない．

例題 10.3 長さ l〔m〕，質量 M〔kg〕の一様な棒が粗い水平な床の上に，床と角度 ϕ をなしてなめらかで鉛直な壁に立てかけられている．重力加速度の大きさは g〔m/s^2〕である．このとき，床から受ける抗力の大きさを N_1〔N〕，摩擦力の大きさを F_1〔N〕とする．一方，壁から受ける抗力の大きさを N_2〔N〕とする．棒には図 10.6 のような力がはたらいている．

(1) 棒にはたらく力の水平方向のつりあいを表す式を作れ．

(2) 棒にはたらく力の鉛直方向のつりあいを表す式を作れ．

(3) 棒が点 A を中心として回転しないための条件を式に表せ．

(4) 棒が点 B を中心として回転しないための条件を式に表せ．

(5) 以上の式より N_2, N_1, F_1 を求めよ．

(6) 静止摩擦係数を μ として，棒を壁に立てかけることができる最小の ϕ を求めよ．

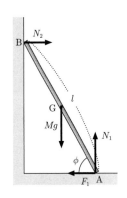

図 10.6 壁に立てかけられた棒．鉛直な壁はなめらかである．

解 (1)　$N_2 - F_1 = 0\,\mathrm{N}$

(2)　$N_1 - Mg = 0\,\mathrm{N}$

(3)　力のモーメントがゼロになることが条件になる.

$$N_2 l \sin\phi - \frac{1}{2} Mgl \cos\phi = 0\,\mathrm{N\cdot m}$$

(4)　力のモーメントがゼロになることが条件になる.

$$N_1 l \cos\phi - F_1 l \sin\phi - \frac{1}{2} Mgl \cos\phi = 0\,\mathrm{N\cdot m}$$

(5)　$N_1 = Mg,\qquad F_1 = \dfrac{Mg}{2\tan\phi} = N_2$

(6)　$\dfrac{F_1}{N_1} = \dfrac{1}{2\tan\phi}$ となるので, この値が μ より大きくなると棒を立てかけておくことができなくなる. すなわち, それは

$$\tan\phi_0 = \frac{1}{2\mu}$$

となる角度 ϕ_0 より小さい角度の場合である.

重心

(a) 棒

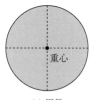
(b) 正方形

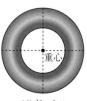
(c) 円盤

(d) ドーナツ

(e) 球

図 **10.7**　一様な密度の物体の重心.

注 8　残念ながら, ドーナツを重心で支えることはできない.

10.3　重心 ♡

　剛体を無数の小さな部分が集まったものと考えると, それらにはそれぞれ重力がはたらく. それらの重力の合力の作用点を**重心**という. それらの小さな部分の位置が $(x_1,y_1,z_1),(x_2,y_2,z_2),\cdots(x_n,y_n,z_n)$〔m〕であり, その質量が $m_1,m_2,\cdots,m_n$〔kg〕とすれば, 重心の位置 $(x_\mathrm{G},y_\mathrm{G},z_\mathrm{G})$〔m〕は

$$x_\mathrm{G} = \frac{m_1 x_1 + m_2 x_2 + \cdots + m_n x_n}{m_1 + m_2 + \cdots + m_n},$$
$$y_\mathrm{G} = \frac{m_1 y_1 + m_2 y_2 + \cdots + m_n y_n}{m_1 + m_2 + \cdots + m_n},$$
$$z_\mathrm{G} = \frac{m_1 z_1 + m_2 z_2 + \cdots + m_n z_n}{m_1 + m_2 + \cdots + m_n}$$

となる. この重心で支えれば, 剛体は回転せずにつりあう[注8]. 密度が一様な物体の重心はその物体の中心にある.

10.4　剛体の自由度と回転

　ある軸の周りに回転できる剛体が静止している場合に満たすべき条件については, すでに議論した. ここでは特定の回転軸がない, より一般の場合について議論する.

　剛体は質量が連続的に分布しているものであるが, 剛体のモデルとして質

点間の距離が固定された多数の質点を考えよう.

まず, お互いの距離が一定の 3 質点について考える. この 3 質点の位置を表す位置ベクトル $\vec{r}_1 = (x_1, y_1, z_1)$, $\vec{r}_2 = (x_2, y_2, z_2)$, $\vec{r}_3 = (x_3, y_3, z_3)$ の変数の数は $3 \cdot 3 = 9$ である. しかしながら, 3 質点間の距離 $|\vec{r}_1 - \vec{r}_2|$, $|\vec{r}_2 - \vec{r}_3|$, $|\vec{r}_3 - \vec{r}_1|$ が一定という拘束条件が 3 つあるので, 自由度は 6 になる[注9]. ここで, 質点をもう 1 点加えよう. この 4 質点の自由度は, 新たに追加した 4 番目の質点の位置を表す $\vec{r}_4 = (x_4, y_4, z_4)$ のために 3 変数増える. しかしながら, 他の質点との距離 $|\vec{r}_1 - \vec{r}_4|$, $|\vec{r}_2 - \vec{r}_4|$, $|\vec{r}_3 - \vec{r}_4|$ が一定であるという拘束条件が 3 つ増えるので, 全体の自由度は $3 - 3 = 0$ で変化しない. 以下同様に, いくら質点を加えても剛体としての自由度は 6 であることがわかる.

この剛体の 6 自由度のうち 3 自由度は, 重心 $\vec{r}_G = (x_G, y_G, z_G)$ の座標成分をとると便利であろう. また, 我々は質点系に関して, 全角運動量の時間変化を表す式をすでに得ているので, 残りの 3 自由度は回転を表すものとすると便利である. 剛体の回転を表すために, 図 10.9 のように回転軸を表す 2 つの角度 (χ, ξ) と回転角 θ の 3 変数を考えることとする.

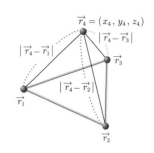

図 10.8　剛体の自由度.

注 9　自由度とは, 独立な (制御できる) 変数の数のことである.

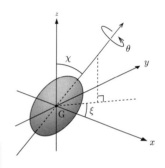

図 10.9　剛体の 6 自由度. 3 自由度は剛体の重心の位置座標で, 残りの 3 自由度は回転軸の 2 自由度と回転角の 1 自由度にとることが多い.

例題 10.4　質点の自由度を求めよ.

解　質点は構造がないので, 回転を考えることができない. したがって, その x, y, z 座標のみしか運動の自由度はなく, 質点のもつ自由度は 3 である.

例題 10.5　その間の距離が一定の 2 質点の自由度を求めよ.

解　この場合, 2 質点の位置ベクトルを $\vec{r}_2$ と $\vec{r}_1$ として, その距離 $|\vec{r}_2 - \vec{r}_1|$ が一定という拘束条件が課せられる. したがって, 自由度は $6 - 1 = 5$ となる.

あるいは, 重心の x, y, z 座標の自由度 3 と回転の自由度 2 の計 5 の自由度と考えることができる. ここで, 2 つの質点を結ぶ軸の周りの回転 (角) は定義できない点に注意すること.

10.5　剛体のつりあい II

剛体の運動状態が変化しないために必要な条件は, 全運動量と重心の周り

の全角運動量が一定であることである. 「全運動量が一定」は重心の運動状態が変化しないことを意味し, 「重心周りの全角運動量が一定」は剛体の重心の周りの回転状態が一定であることを意味している[注10].

注10　10.2節でも議論したが, 力のモーメントを外積を用いて表して考察する.

剛体のある部分 $\vec{r}_i$ に外力 $\vec{f}_i$ が作用している場合を考える. 剛体が静止している場合, 静止状態を続けるための条件は

$$\sum_{i=1}^{N} \vec{f}_i = \vec{0}\ \text{N}, \tag{10.1}$$

$$\sum_{i=1}^{N} (\vec{r}_i - \vec{r}_{\mathrm{G}}) \times \vec{f}_i = \vec{0}\ \text{N·m} \tag{10.2}$$

である. すなわち, 剛体に作用する外力の合力と重心周りの外力のモーメントの和がゼロになれば良い. 式 (10.2) は式 (10.1) があれば[注11],

注11　$\displaystyle\sum_{i=1}^{N} \vec{f}_i = \vec{0}$ N であるから, 任意の定数 $\vec{r}_0$ との外積をとっても, 外積は $\vec{0}$ N·m となる.

$$\sum_{i=1}^{N} (\vec{r}_i - \vec{r}_0) \times \vec{f}_i = \vec{0}\ \text{N·m} \tag{10.3}$$

と等価である. したがって, 原点を含む任意の点 $\vec{r}_0$ を基準とした力のモーメントを計算し, その和が $\vec{0}$ N·m になれば合力が $\vec{0}$ N という条件の下で回転状態は変化しないことがわかる.

例題 10.6　以下の図のように, 棒に力がはたらいている. この棒は支点を中心として xy 面 (紙面) 内で回転することができる. この棒が回転しない (回転状態が変化しない) ための条件を, 図 10.10 (1) と図 10.10 (2) のそれぞれの場合に式で表せ. また, 支点を作用点として作用する力を求めよ.

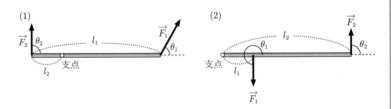

図 10.10

その際
- $\vec{F}_i$ の大きさは F_i で表す.
- すべての力は棒を含む xy 面内にある.
- 棒に沿って x 軸をとり, 棒の左端が原点である.

とする.

解 $\vec{F}_1 = F_1(\cos\theta_1, \sin\theta_1, 0)$ と $\vec{F}_2 = F_2(\cos\theta_2, \sin\theta_2, 0)$ と表すことができる.

(1) 支点を基準とした力のモーメントの和は $\vec{0}$ N·m である. したがって,

$$(l_1 - l_2)(1,0,0) \times F_1(\cos\theta_1, \sin\theta_1, 0)$$
$$+ \quad l_2(-1,0,0) \times F_2(\cos\theta_2, \sin\theta_2, 0) = \vec{0} \text{ N·m}$$

でなければならない. 整理すると, 求める条件は

$$(l_1 - l_2)F_1\sin\theta_1 - l_2 F_2 \sin\theta_2 = 0 \text{ N·m}$$

となる.

(2) 支点を基準とした力のモーメントの和は $\vec{0}$ N·m である. したがって,

$$l_1(1,0,0) \times F_1(\cos\theta_1, \sin\theta_1, 0)$$
$$+ \quad l_2(1,0,0) \times F_2(\cos\theta_2, \sin\theta_2, 0) = \vec{0} \text{ N·m}$$

でなければならない. 整理すると, 求める条件は

$$l_1 F_1 \sin\theta_1 + l_2 F_2 \sin\theta_2 = 0 \text{ N·m}$$

となる.

また, どちらの小問でも, 支点に作用する力を $\vec{F}$ とすると,

$$\vec{F} + \vec{F}_1 + \vec{F}_2 = \vec{0} \text{ N}$$

でなければならない. この式から

$$\vec{F} = -\vec{F}_1 - \vec{F}_2 = -(F_1\cos\theta_1 + F_2\cos\theta_2, F_1\sin\theta_1 + F_2\sin\theta_2, 0)$$

と求めることができる.

$\vec{F}$ は支点に作用するので, 支点を基準としたこの力に関わる力のモーメントは $\vec{0}$ N·m である.

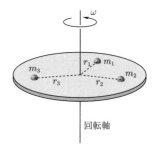

図 10.11 小物体が固定された円板を回転させる.

10.6 剛体の回転運動 ♡

　質量の無視できる円板上に, 図 10.11 のように 3 個の小物体が固定されているものを考え, 剛体のモデルとしよう[注12]. この円板は中心を通り, 円板に垂直な軸の周りに角速度 ω 〔rad/s〕で回転している. 1, 2, 3 番目の小物体の質量はそれぞれ m_1, m_2, m_3〔kg〕で, 中心からの距離は r_1, r_2, r_3〔m〕[注13] である.

注12 高校では剛体の回転運動は取り扱わないが, 重要なので ♡ をつける.

注13 小物体と中心の距離のみが必要な情報である.

注 14　角運動量はベクトル量である.

この円板全体の回転軸方向の角運動量 L〔kg·m^2/s〕[注14] は，各小物体の回転軸方向の角運動量の和で

$$L = r_1(m_1v_1) + r_2(m_2v_2) + r_3(m_3v_3)$$
$$= m_1r_1(r_1\omega) + m_2r_2(r_2\omega) + m_3r_3(r_3\omega)$$
$$= (m_1r_1{}^2 + m_2r_2{}^2 + m_3r_3{}^2)\omega$$
$$= \left(\sum_{i=1}^{3} m_ir_i{}^2\right)\omega \tag{10.4}$$

と表すことができる. $\displaystyle\sum_{i=1}^{3} m_ir_i{}^2$ は，この剛体と回転軸を決めれば定まる定数である. そこで，この物理量をこの剛体の**慣性モーメント**とよび，記号 I〔kg·m^2〕で表す. この剛体の回転運動を考える場合には，個々の小物体の質量や中心からの距離を考える必要はなく，この剛体に対して 1 つ決まる定数 (I) を考えれば，角運動量 $L = I\omega$ と求まることが重要である.

小物体が N 個ある場合には，$\displaystyle\sum$ 記号の和の上限を $\displaystyle\sum_{i=1}^{N} m_ir_i{}^2$ のようにおきかえれば良い. また，3 次元的な剛体の場合は，このような円板が積み重ねられていると考える.

この剛体に加えられる力のモーメント（の回転軸方向の成分）を N〔N·m〕とすると，この剛体の回転の運動方程式は

$$\frac{dL}{dt} = N \Leftrightarrow I\frac{d\omega}{dt} = N \Leftrightarrow I\frac{d^2\theta}{dt^2} = N \tag{10.5}$$

となる. この運動方程式からわかるように，慣性モーメントは並進運動の質量に相当する量で回転の変化の起こりにくさを表している（表 10.1 を参照）.

図 10.12

表 10.1　直線上の運動と回転運動の比較.

直線上の運動		回転軸が決まった回転運動	
位置，m	x	回転角，rad	θ
速度，m/s	$v = \dfrac{dx}{dt}$	角速度，rad/s	$\omega = \dfrac{d\theta}{dt}$
加速度，m/s^2	$a = \dfrac{dv}{dt} = \dfrac{d^2x}{dt^2}$	角速度の変化率，rad/s^2	$\dfrac{d\omega}{dt} = \dfrac{d^2\theta}{dt^2}$
質量，kg	m	慣性モーメント，kg·m^2	I
力，N = kg·m/s^2	F	力のモーメント，kg·m^2/s^2	N
運動方程式	$F = m\dfrac{d^2x}{dt^2}$	運動方程式	$N = I\dfrac{d^2\theta}{dt^2}$
運動エネルギー，J	$\dfrac{1}{2}mv^2$	回転エネルギー，J	$\dfrac{1}{2}I\omega^2$

例題 **10.7**　以下の計算を行え.

(1) 重心を通るある直線の周りの慣性モーメントが 1.00×10^2 kg·m^2 である物体について, その直線を回転軸として角速度 5.00 rad/s で回転している. 角運動量の大きさを求めよ.

(2) z 軸の周りの慣性モーメントが 5.00×10^3 kg·m^2 である物体について, z 軸の周りに角速度 3.00 rad/s で回転している. このときの角運動量の大きさを求めよ.

(3) z 軸の周りの慣性モーメントが 2.00×10^2 kg·m^2 である剛体が z 軸を回転の軸として回転している. その角速度は毎秒 1.00 rad/s だけ増加した. この剛体に作用する力のモーメントの大きさを求めよ.

解 (1) $I\omega = (1.00 \times 10^2 \text{ kg·m}^2) \cdot (5.00 \text{ rad/s}) = 5.00 \times 10^2 \text{ kg·m}^2\text{/s}$

(2) 角速度 $\omega = 3.00$ rad/s に, 慣性モーメントを掛けると角運動量の大きさが得られる. すなわち, $L = 5.00 \times 10^3 \text{ kg·m/s}^2 \cdot 3.00 \text{ rad/s} = 1.50 \times 10^4 \text{ kg·m}^2\text{/s}$ である.

(3) $I\dfrac{d\omega}{dt} = N$ より, 力のモーメントの大きさは $2.00 \times 10^2 \text{ kg·m}^2 \cdot 1.00 \text{ rad/s} = 2.00 \times 10^2$ N·m である. 単位 N·m は kg·m^2/s^2 と書くこともできる点に注意すること.

10.7 多重積分

剛体を質点の集まりと考えてきたが, 本来剛体は質量が連続的に分布しているものである. そこで, 多重積分の概念[注15] を導入して, 質量が連続的に分布している対象物を扱う方法を考える.

空間に質量が密度 $\rho(\vec{r})$ で分布している場合を考えて, その質量の総和を計算しよう. そのような場合に対応するために, 1 つ以上の変数 (引数) をもつスカラー関数 ρ (値がスカラー量の関数) を積分する場合について考えよう. ここでは, 3 次元空間を考え, 変数を $\vec{r} = (x, y, z)$ の組とする. 積分すべき空間を微小体積

$$\Delta x \Delta y \Delta z = \Delta V$$

に分け, 番号を割り当てる. その結果, 1 番目から N 番目の微小体積の和でもとの積分すべき空間が表されたものとする. また, i 番目の微小体積の位

注 15　概念がわかればよい.

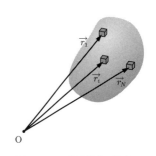

図 10.13　多重積分の概念.

置ベクトルを $\vec{r}_i$ とする．ここで微小体積が十分小さければ，この部分の質量は

$$\rho(\vec{r}_i)\,\Delta V$$

で近似することができる[注16]．これを全体積について和をとり，$\Delta V \to 0$ の極限をとって，

$$\lim_{\Delta V \to 0}\sum_{i=1}^{N}\rho(\vec{r}_i)\,\Delta V = \int_V \rho(\vec{r})\,dv$$

と表すこととする．

多重積分であることを明確にするために[注17]，

$$\iiint_V \rho(\vec{r})\,dxdydz \quad \text{あるいは} \quad \iiint_{\vec{r}\in V}\rho(\vec{r})\,dxdydz$$

と表すことも多い[注18]．積分すべき量が力のようなベクトルの場合は，各成分ごとに積分すれば良い．例えば，

$$\vec{f} = \left(\iiint_V f_x(\vec{r})\,dxdydz,\ \iiint_V f_y(\vec{r})\,dxdydz,\ \iiint_V f_z(\vec{r})\,dxdydz\right)$$

(10.6)

のように計算する．

図 10.14 ブロックによる球の近似．球の体積は各ブロックの体積の和で近似できる．
写真提供：三井淳平

注 17 $dv = dxdydz$

注 18 $\vec{r}\in V$ は，位置ベクトル $\vec{r}$ で表される点が体積 V の中にあることを意味する．

注 19 以下の 10.8 節と 10.9 節は多重積分の計算練習でもある．

10.8 様々な物体の重心 ♦[注19]

質点系の全質量と重心を拡張して，質量が連続的に分布している場合の全質量 M と重心 $\vec{r}_G$ を考えよう．ここで，V で表される体積に質量が密度 $\rho(\vec{r})$ で分布している物体を考察する．全質量は，

$$M = \int_V \rho(\vec{r})\,dv$$

(10.7)

である．一方，重心は

$$\vec{r}_G \times M\vec{g} = (M\vec{r}_G)\times\vec{g} = \int_V \vec{r}\times\rho(\vec{r})\vec{g}\,dv = \left(\int_V \rho(\vec{r})\vec{r}\,dv\right)\times\vec{g}$$

のように考えて[注20]，

$$\vec{r}_G = \frac{1}{M}\int_V \rho(\vec{r})\vec{r}\,dv$$

(10.8)

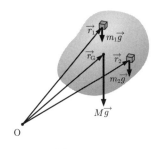

図 10.15

注 20 剛体の各部にはたらく重力のモーメントをすべて合わせたものが，重心にはたらく重力の合力のモーメントと同じとする．

となる．特に，密度 $\rho(\vec{r}) = \rho_0$ と一定の場合には，

$$M = \rho_0 \int_V dv = \rho_0 V$$

(10.9)

$$\vec{r}_G = \frac{\rho_0}{M}\int_V \vec{r}\,dv = \frac{1}{V}\int_V \vec{r}\,dv$$

(10.10)

となる．

全質量が M で密度が一様な，以下の物体の重心を求めよう．

- 長さ L で中心が原点にあり，x 軸方向に伸びている棒：図 10.16
  単位長さあたりの質量（線密度）は $\dfrac{M}{L}$ であり，棒の左端は $x=-\dfrac{L}{2}$ で右端は $x=\dfrac{L}{2}$ である．また，棒は y,z 方向には伸びていないので，当然重心の y,z 成分は $0\,\mathrm{m}$ である．したがって，

$$
\begin{aligned}
\frac{1}{M}\iiint_V \rho\vec{r}\,dxdydz &= \frac{1}{M}\frac{M}{L}\int_{-L/2}^{L/2}(x, 0\,\mathrm{m}, 0\,\mathrm{m})\,dx \\
&= \frac{1}{L}\left(\left[\frac{1}{2}x^2\right]_{-L/2}^{L/2}, 0\,\mathrm{m}^2, 0\,\mathrm{m}^2\right) \\
&= \vec{0}\,\mathrm{m} \qquad (10.11)
\end{aligned}
$$

  となる．重心は原点にあることがわかる[注 21]．

図 10.16 棒の重心．

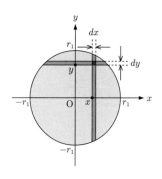

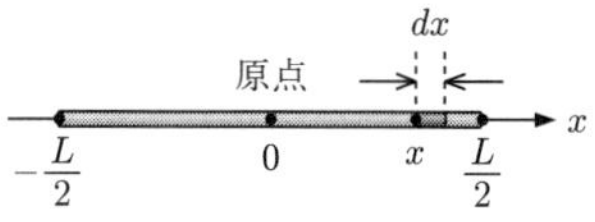

注 21 奇関数を積分しているので，具体的な計算を行わなくても $\vec{0}$ とわかる．また，値は $\vec{0}$ であるが，長さの次元をもっている．

- 1 辺の長さが L で，対角線が原点で交わる xy 面上の正方形：図 10.17
  単位面積あたりの質量（面密度）は $\dfrac{M}{L^2}$ である．z 軸方向には，無限に薄いので重心の z 座標は $0\,\mathrm{m}$ である[注 22]．

$$
\begin{aligned}
\frac{1}{M}\iiint_V \rho\vec{r}\,dxdydz &= \frac{1}{L^2}\int_{-L/2}^{L/2}\left(\int_{-L/2}^{L/2}(x, y, 0\,\mathrm{m})\,dy\right)dx \\
&= \frac{1}{L^2}\int_{-L/2}^{L/2}\left(Lx, \frac{1}{2}[y^2]_{-L/2}^{L/2}, 0\,\mathrm{m}^2\right)dx \\
&= \frac{1}{L^2}\int_{-L/2}^{L/2}(Lx, 0\,\mathrm{m}^2, 0\,\mathrm{m}^2)\,dx \\
&= \frac{1}{L^2}\left(L\frac{1}{2}[x^2]_{-L/2}^{L/2}, 0\,\mathrm{m}^3, 0\,\mathrm{m}^3\right) \\
&= \vec{0}\,\mathrm{m} \qquad (10.12)
\end{aligned}
$$

  したがって，重心の座標は原点になる．

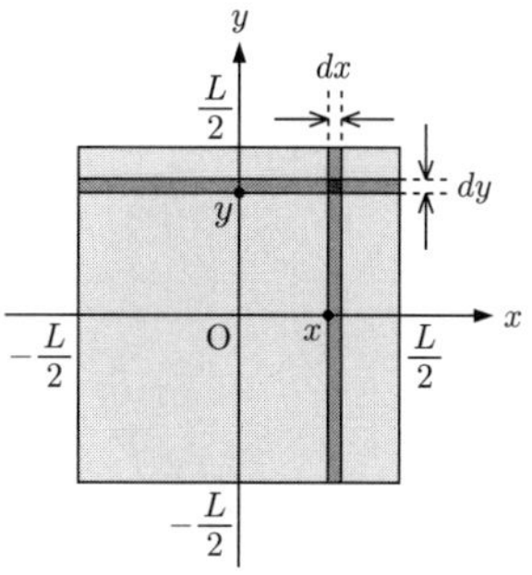

図 10.17 薄い正方形の重心．

注 22 y で積分する際，x は定数と見なすので，L を乗算することになる．

- 半径 r_1 で中心が原点にあり，xy 面内にある無限に薄い円盤：図 10.18
  単位面積あたりの質量（面密度）は $\dfrac{M}{\pi {r_1}^2}$ である．z 軸方向には，無限に薄いので重心の z 座標は $0\,\mathrm{m}$ である．

$$
\begin{aligned}
\frac{1}{M}\iiint_V \rho\vec{r}\,dxdydz &= \frac{1}{\pi {r_1}^2}\int_{-r_1}^{r_1}\left(\int_{-\sqrt{{r_1}^2-x^2}}^{\sqrt{{r_1}^2-x^2}}(x, y, 0\,\mathrm{m})\,dy\right)dx \\
&= \frac{1}{\pi {r_1}^2}\int_{-r_1}^{r_1}\left(2x\sqrt{{r_1}^2-x^2}, \frac{1}{2}[y^2]_{-\sqrt{{r_1}^2-x^2}}^{\sqrt{{r_1}^2-x^2}}, 0\,\mathrm{m}^2\right)dx \\
&= \frac{1}{\pi {r_1}^2}\int_{-r_1}^{r_1}\left(2x\sqrt{{r_1}^2-x^2}, 0\,\mathrm{m}^2, 0\,\mathrm{m}^2\right)dx \\
&= \vec{0}\,\mathrm{m} \qquad (10.13)
\end{aligned}
$$

図 10.18 薄い円板の重心．

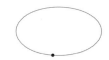

したがって，重心の座標は原点になる．

- 1 辺の長さが L で対角線が原点で交わる立方体：図 10.19

  単位体積あたりの質量（密度）は $\dfrac{M}{L^3}$ である．

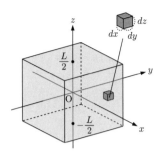

図 10.19　立方体の重心.

$$
\begin{aligned}
\frac{1}{M} \iiint_V \rho \vec{r}\, dxdydz &= \frac{1}{L^3} \int_{-L/2}^{L/2} \left(\int_{-L/2}^{L/2} \left(\int_{-L/2}^{L/2} (x,y,z)\, dz \right) dy \right) dx \\
&= \frac{1}{L^3} \int_{-L/2}^{L/2} \left(\int_{-L/2}^{L/2} \left(Lx, Ly, \frac{1}{2}[z^2]_{-L/2}^{L/2} \right) dy \right) dx \\
&= \frac{1}{L^3} \int_{-L/2}^{L/2} \left(\int_{-L/2}^{L/2} (Lx, Ly, 0\,\mathrm{m}^2)\, dy \right) dx \\
&= \frac{1}{L^3} \int_{-L/2}^{L/2} (L^2 x, 0\,\mathrm{m}^3, 0\,\mathrm{m}^3)\, dx \\
&= \vec{0}\,\mathrm{m} \tag{10.14}
\end{aligned}
$$

したがって，重心の座標は原点になる．

- 半径 r_1 で中心が原点にある球：図 10.20

  単位体積あたりの質量（密度）は $\dfrac{M}{\frac{4}{3}\pi r_1{}^3}$ である．ここでは，中心が $(x, 0\,\mathrm{m}, 0\,\mathrm{m})$ かつ半径が $\sqrt{r_1{}^2 - x^2}$ の，x 軸に垂直な厚さ dx の円盤を積み重ねて，球ができていると考えよう．これらの円盤の重心は，今までの議論より $(x, 0\,\mathrm{m}, 0\,\mathrm{m})$ であることがわかるであろう．また，円盤の体積は $\pi \left(\sqrt{r_1{}^2 - x^2} \right)^2 dx$ である．

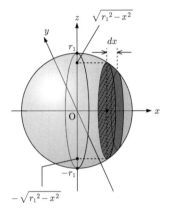

図 10.20　球の重心.

$$
\begin{aligned}
&\frac{1}{M} \iiint_V \rho \vec{r}\, dxdydz \\
&= \frac{1}{\frac{4}{3}\pi r_1{}^3} \int_{-r_1}^{r_1} \left(\pi (r_1{}^2 - x^2)\, x, 0\,\mathrm{m}^3, 0\,\mathrm{m}^3 \right) dx \\
&= \vec{0}\,\mathrm{m} \tag{10.15}
\end{aligned}
$$

したがって，重心の座標は原点になる．

　これらの図形は原点に関して（点）対称なので，以下のように考えても重心が原点にあることがわかる．図 10.21 のように，中心が (x, y, z) で 1 辺の長さが $(dv)^{1/3}$ の立方体の中にある微小な質量は，$\rho(x, y, z)\, dv$ である．この微小な立方体と原点に関して点対称かつ微小な立方体（中心は $(-x, -y, -z)$ にある）の微小質量も，$\rho(-x, -y, -z)\, dv = \rho(x, y, z)\, dv$ である．この 2 つの微小質量の重心は原点になる．図形全体は，このような点対称にある微小な 2 つの立方体の対を全部足し合わせたものなので，図形全体の重心も原点になる．

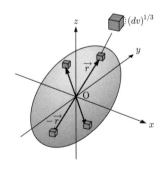

図 10.21　原点に対して点対称な微小体積の対の多数の集合体と考える.

10.9 様々な物体の慣性モーメント♠ ─────────────●

質点系の慣性モーメントを拡張して，質量が連続的に分布している場合の慣性モーメント I を考えよう．ここで，V で表される体積に質量が密度 $\rho(\vec{r})$ で分布している物体を考察する．

まず，図 10.22 のように回転軸が重心 $\vec{r}_{G}$ を通る場合を考え，その慣性モーメントを I_G とする．

$$I_G = \iiint_V \rho(\vec{r})|\vec{r}_\perp - \vec{r}_{G,\perp}|^2 \, dxdydz \tag{10.16}$$

特に密度 $\rho(\vec{r}) = \rho_0$ と一定の場合には，

$$I_G = \rho_0 \iiint_V |\vec{r}_\perp - \vec{r}_{G,\perp}|^2 \, dxdydz \tag{10.17}$$

となる．ここで $\vec{r}_\perp$ は $\vec{r}$ の回転軸と直交する成分で，$\vec{r}_{G,\perp}$ は $\vec{r}_G$ の回転軸と直交する成分である．

次に，上で考えた回転軸から $\vec{b}$ だけ平行移動した別の回転軸を考える．

$$I = \iiint_V \rho(\vec{r})|\vec{r}_\perp - \vec{r}_{G,\perp} - \vec{b}|^2 \, dxdydz$$

$$= \iiint_V \rho(\vec{r})|\vec{r}_\perp - \vec{r}_{G,\perp}|^2 \, dxdydz + \iiint_V \rho(\vec{r})|\vec{b}|^2 \, dxdydz$$

$$- \iiint_V 2\rho(\vec{r})(\vec{r}_\perp - \vec{r}_{G,\perp}) \cdot \vec{b} \, dxdydz$$

$$= I_G + \left(\iiint_V \rho(\vec{r}) \, dxdydz\right)|\vec{b}|^2 - 2\left(\iiint_V \rho(\vec{r})\vec{r}_\perp \, dxdydz - M\vec{r}_{G,\perp}\right) \cdot \vec{b}$$

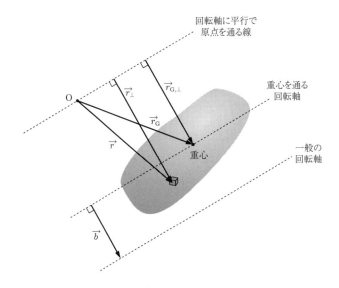

図 **10.22** 剛体と回転軸.

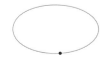

式 (10.8) の重心の定義から $\iiint_V \rho(\vec{r})\vec{r}_\perp\, dxdydz = M\vec{r}_{G,\perp}$ となるので，第 3 項の括弧の中は $\vec{0}$ となる．したがって，

$$I = I_G + M|\vec{b}|^2 \tag{10.18}$$

が得られる．

この式によって，重心を通る軸の周りの慣性モーメントが得られたならば，その回転軸に平行に $\vec{b}$ だけ平行移動した回転軸の周りの慣性モーメントを簡単に計算することができる．

全質量が M で密度が一様な，以下の物体の重心を通る軸の周りの慣性モーメントを求めよう．

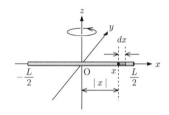

図 **10.23**　棒の慣性モーメント.

- 長さ L で中心が原点にあり，x 軸方向に伸びている棒：図 10.23

  回転軸は z 軸とする．単位長さあたりの密度（線密度）は $\dfrac{M}{L}$ なので，

  $$I = \frac{M}{L}\int_{-L/2}^{L/2} x^2\, dx = \frac{M}{L}\left[\frac{1}{3}x^3\right]_{-L/2}^{L/2} = \frac{ML^2}{12} \tag{10.19}$$

  となる．

- 1 辺の長さが L で，対角線が原点で交わる xy 面上の正方形：図 10.24

  回転軸として，x, y, z 軸の 3 通りを考察する．単位面積あたりの質量（面密度）は $\dfrac{M}{L^2}$ である．y 軸を回転の軸とする場合の慣性モーメント I_y は

  $$\begin{aligned}
  I_y &= \frac{M}{L^2}\int_{-L/2}^{L/2}\left(\int_{-L/2}^{L/2} x^2 dx\right) dy = \frac{M}{L^2}\int_{-L/2}^{L/2}\frac{1}{3}[x^3]_{-L/2}^{L/2} dy \\
  &= \frac{M}{L^2}\frac{L^4}{12} \\
  &= \frac{ML^2}{12} \tag{10.20}
  \end{aligned}$$

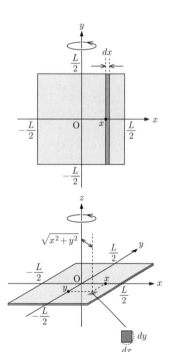

図 **10.24**　薄い正方形の慣性モーメント.

となる．x 軸を回転の軸とする場合の慣性モーメント I_x は対称性の考察から I_y と同じであることは明らかである．

z 軸を回転の軸とする場合は，

$$\begin{aligned}
I_z &= \frac{M}{L^2}\int_{-L/2}^{L/2}\left(\int_{-L/2}^{L/2}(x^2+y^2)\, dy\right) dx \\
&= \frac{M}{L^2}\left(\int_{-L/2}^{L/2}\frac{1}{3}[y^3]_{-L/2}^{L/2}\, dx + \int_{-L/2}^{L/2}\frac{1}{3}[x^3]_{-L/2}^{L/2}\, dy\right) \\
&= I_x + I_y = \frac{ML^2}{6} \tag{10.21}
\end{aligned}$$

となる．

- 半径 r_1 で中心が原点にあり，xy 面内にある無限に薄い円盤：図 10.25

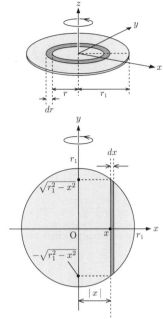

回転軸として，x, y, z 軸の 3 通りを考察する．単位面積あたりの質量（面密度）は $\dfrac{M}{\pi r_1{}^2}$ である．z 軸を回転の軸とする場合の慣性モーメント I_z は，図 10.25（上）に従って計算すると，

$$I_z = \frac{M}{\pi r_1{}^2} \int_0^{r_1} (2\pi r) r^2 dr = \frac{M}{\pi r_1{}^2} \left[\pi \frac{1}{2} r^4 \right]_0^{r_1} = \frac{M r_1{}^2}{2} \quad (10.22)$$

となる．x 軸と y 軸を回転の軸とする慣性モーメント I_x と I_y は $I_x = I_y$ で，$I_z = I_x + I_y$ [注23] であるから

$$I_x = I_y = \frac{M r_1{}^2}{4} \quad (10.23)$$

となる．これらは図 10.25（下）に基づいた計算でも得ることができる．

$$\begin{aligned}
I_y &= \int_{-r_1}^{r_1} \frac{M}{\pi r_1{}^2} x^2 (2\sqrt{r_1{}^2 - x^2})\, dx \\
&= \frac{4M}{\pi r_1{}^2} \int_0^{r_1} x^2 \sqrt{r_1{}^2 - x^2}\, dx \quad \text{[注24]} \\
&= \frac{4M}{\pi r_1{}^2} \int_0^{\pi/2} r_1{}^4 \sin^2\theta \cos^2\theta\, d\theta \quad \text{[注25]} \\
&= \frac{4M r_1{}^2}{\pi} \int_0^{\pi/2} \frac{1 - \cos 4\theta}{8}\, d\theta = \frac{M r_1{}^2}{4} \quad (10.24)
\end{aligned}$$

図 10.25　薄い円板の慣性モーメント．

注 23　図 10.24 の薄い正方形の場合と同様に，xy 面内にある一様な薄い平面状の剛体については，$I_z = I_x + I_y$ が成り立つ．

注 24　$x = r_1 \sin\theta$ とおく．

注 25　$2\sin\alpha\cos\alpha = \sin 2\alpha$ と $2\sin^2\alpha = 1 - \cos 2\alpha$ を用いる．

- 半径 r_1 で中心が原点にある球：図 10.26

単位体積あたりの質量（密度）は $\dfrac{M}{\frac{4}{3}\pi r_1{}^3}$ である．ここでは，中心が $(x, 0\,\mathrm{m}, 0\,\mathrm{m})$ かつ半径が $\sqrt{r_1{}^2 - x^2}$ の，x 軸に垂直な厚さ dx の円盤を積み重ねて，球ができていると考えよう．x 軸を回転の軸とするこれらの円盤の慣性モーメントの和は

$$\frac{1}{2} \left(\frac{M}{\frac{4}{3}\pi r_1{}^3} \pi (r_1{}^2 - x^2) dx \right) (r_1{}^2 - x^2)$$

となる．したがって，x 軸を回転軸とする球の慣性モーメントの和は

$$\begin{aligned}
&\int_{-r_1}^{r_1} \frac{1}{2} \left(\frac{M}{\frac{4}{3}\pi r_1{}^3} \pi (r_1{}^2 - x^2) \right) (r_1{}^2 - x^2) dx \\
&= \frac{3M}{4 r_1{}^3} \int_0^{r_1} (r_1{}^2 - x^2)^2 dx \\
&= \frac{3M}{4 r_1{}^3} \left[r_1{}^4 x - \frac{2}{3} r_1{}^2 x^3 + \frac{1}{5} x^5 \right]_0^{r_1} = \frac{2}{5} M r_1{}^2 \quad (10.25)
\end{aligned}$$

となる．

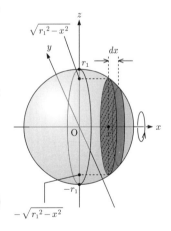

図 10.26　球の慣性モーメント．

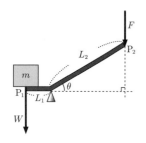

図10.27　バールの使用法をモデル化した図.

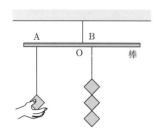

図10.28　棒を水平にするためには，A点からつり下げられたおもりを支える必要がある.

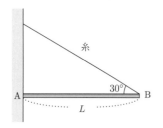

図10.29　棒の端 A は回転するが，位置は固定されている.端 B は糸で壁からつられている.

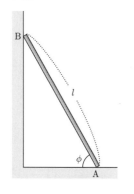

図10.30　壁に立てかけられた棒.鉛直な壁も粗いものとする.

章末問題

問題 10.1$^\heartsuit$　バールを使う場合の力や，力のモーメントについて考察する.バールによって物体を持ち上げる際の様子を簡略化して，図10.27 を描いた.図の点 P_2 を鉛直下向きに大きさ F の力で押し下げて，質量 m の物体を持ち上げる.ただし，重力加速度の大きさを g とする.

(1)　物体にはたらく重力による支点周りの力のモーメントの大きさを求めよ.

(2)　点 P_2 に与える力による支点周りの力のモーメントの大きさを求めよ.

(3)　物体を持ち上げるために必要な力の最小の大きさ F を求めよ.

問題 10.2$^\heartsuit$　図 10.28 のように質量の無視できる棒の真ん中 O に糸を結び，天井からつるした.質量 m のおもりを点 A から，質量 $3m$ のおもりを点 B から糸でつるした.なお，$OA : OB = 5 : 1$ である.質量 m のおもりを支えると棒は水平になった.ただし，支える力は鉛直方向のみで，水平方向の力はない.重力加速度の大きさを g とする.質量 m のおもりを支える力の大きさはいくらか？

問題 10.3$^\heartsuit$　質量 m，長さ L の一様な棒 AB の一端 A を，棒が垂直な面内で回転できるように蝶つがいで壁に固定する.他端には糸をとりつけ，その糸の反対側は壁に固定して棒 AB が水平になるように糸の長さを調整した.糸と棒の角度が $30°$ のときを考える.重力加速度の大きさを g とする.

(1)　棒 AB が糸から受ける力の大きさを求めよ.

(2)　壁が棒 AB に及ぼす力を求めよ.

問題 10.4$^\heartsuit$　長さ l，質量 M の一様な棒が粗い水平な床の上に，床と角度 ϕ をなして粗い鉛直な壁に立てかけられている.重力加速度の大きさは g である.このとき，床から受ける抗力の大きさを N_1，摩擦力の大きさを F_1 とする.一方，壁から受ける抗力の大きさを N_2，摩擦力の大きさを F_2 とする.

(1)　棒にはたらく重力の合力の大きさとその作用点を求めよ.

(2)　棒にはたらく力をその作用点と作用する向きがわかるように図示せよ.

(3)　棒にはたらく力の水平方向のつりあいを表す式を作れ.

(4)　棒にはたらく力の鉛直方向のつりあいを表す式を作れ.

(5)　棒が点 A を中心として回転しないために必要な条件を式に表せ.

(6)　棒が点 B を中心として回転しないために必要な条件を式に表せ.

(7)　以上の式より N_2, N_1, F_2, F_1 を求めよ.ただし，壁と棒の間の静止摩

擦係数 μ_2 は小さいために，常に $F_2 = \mu_2 N_2$ であると仮定する[注26]

(8)　さらに，床と棒の間の静止摩擦係数を μ_1 として，棒を壁に立てかけることができる最小の ϕ を求めよ．

注26　Mg を F_2 と N_1 でどのように分配して支えるかを決めないと解くことができない．

問題 10.5$^\heartsuit$　図 10.31 のように，一様な材質の針金を L 字型に曲げた物体の重心の位置を求めよ．ただし，OA の長さは 1.0×10^{-1} m，OB の長さは 2.0×10^{-1} m である．

問題 10.6$^\heartsuit$　以下の空欄を埋めよ．

長さ $2R$ の軽くて（質量が無視できる）細い剛体棒がある．この剛体棒は，その一端の点 A を通って剛体棒に垂直な軸の周りで回転することができる．今，この剛体棒の中点（点 B とする）には質量 m の質点が固定されている．また，剛体棒のもう一方の端を点 C とする．この質点は，点 A を中心として速さ v で等速円運動している．この質点の回転の周期は $\boxed{1}$ で，角速度は $\boxed{2}$ である．この物体の加速度は，剛体棒の $\boxed{3}$ 向きで（点 A，点 B，点 C から選ぶこと），その大きさは $\boxed{4}$ となる．また，向心力は剛体棒の $\boxed{5}$ 向きで，その大きさは $\boxed{6}$ である．この質点の点 A 周りの角運動量の大きさは，$\boxed{7}$ である．次に，質点を点 B からゆっくりと点 C に動かした．このとき，質点を動かすために必要な力は点 A について $\boxed{8}$ となっている．したがって，点 C にある質点の回転速度の大きさは $\boxed{9}$ とならなければならない．角運動量が変化しないことは「$\boxed{8}$ の作用だけを受けて運動する物体の，力の中心に対する $\boxed{10}$ は一定である．」といいかえることもできる．

問題 10.7　単振り子は，実際に存在する振り子を抽象化したものであった．ここでは，剛体を微小振動させる場合を考える．質量が M で重心を通り水平（紙面に垂直）な軸の周りの慣性モーメントが I_G の剛体がある．この剛体を点 O を通り水平（紙面に垂直）な軸の周りに振動させる．回転軸 O と重心の間の距離を a とする．また，重力加速度の大きさは g である．以下の手順に従って微小振動の周期を求めよ．

(1)　回転軸 O の周りの慣性モーメント I を求めよ．

(2)　運動方程式を立てよ．

(3)　振動角 θ が微小だとして，運動方程式を θ の 1 次の項まで展開せよ．

(4)　角振動数を求めよ．

問題 10.8$^\heartsuit$　粗い水平な面上を，半径 r_0 で質量 m の一様な円柱が滑らずに運動している．重心の速度は $v_0(1,0)$ である．また，時刻 $t = 0$ s の重心の

図 10.31　図のような L 字に曲げられた針金の重心を求める．

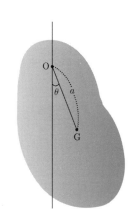

図 10.32　実体振り子．

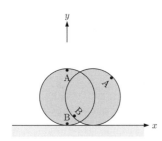

図 10.33　水平面を転がる円柱.

位置を $r_0(0,1)$ とする. 以下の問に答えよ. ただし, 円筒の重心の進行方向に x 軸をとり, 水平な面の法線方向を y 軸とする.

(1) 回転角速度 ω を求めよ.

(2) 時刻 $t=0\,\mathrm{s}$ に最も高い位置にあった点 A の, $t=\Delta$ における位置ベクトルを求めよ.

(3) 時刻 $t=0\,\mathrm{s}$ に最も低い位置にあった点 B の, $t=\Delta$ における位置ベクトルを求めよ.

(4) 自転車の写真をスローシャッターで撮影したところ, タイヤの上部は下部に比べてブレが大きかった. 小問 1 から 3 を踏まえて説明せよ.

問題 10.9$^\heartsuit$　以下の物体の運動エネルギーを求めよ.

(1) なめらかで水平な面上を, 半径 r_0 で質量 m の一様な円柱が速度の大きさ v で転がらずに滑っている.

(2) なめらかで水平な面上を, 半径 r_0 で質量 m の円筒が速度の大きさ v で転がらずに滑っている. ただし, 質量は半径 r_0 に集中していると近似する.

(3) 粗い水平な面上を, 半径 r_0 で質量 m の一様な円柱が速度の大きさ v で転がっている. 慣性モーメントは $\frac{1}{2}mr_0{}^2$ である.

(4) 粗い面上を, 半径 r_0 で質量 m の円筒が速度の大きさ v で転がっている. ただし, 質量は半径 r_0 に集中していると近似し, 慣性モーメントは $mr_0{}^2$ とする.

問題 10.10　粗い斜面を滑らずに転がる半径 R, 質量 M の円筒を考える.

注 27　154 ページを参照.

その対称軸周りの慣性モーメントを I_G とする[注 27]. 図 10.34 のように座標軸をとり, その転がる速さを以下の手順に従って考えよう.

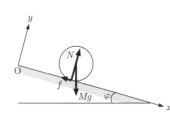

図 10.34　斜面をころがる円筒

(1) 図に示された力, 重力, 垂直抗力, 摩擦力のそれぞれの大きさを Mg, N, f とする. それぞれの力を成分表示せよ.

(2) すべての外力の合力を求め, 重心の運動方程式を立てよ. ただし, 重心の位置ベクトルを $\vec{r}=(x, y, 0\,\mathrm{m})$ とする.

(3) y 軸方向の運動はないことを説明せよ.

(4) 円筒に作用する力のモーメントを計算し, 回転運動の方程式を立てよ. ただし, 回転角を θ（反時計回りを正の向き）とする.

(5) θ と x の間の関係を求めよ. ただし, 時刻 $t=0\,\mathrm{s}$ では x, θ ともゼロであったとする.

(6) 以上の考察より, x, θ に関する運動方程式がそれぞれ 1 つずつ. そして x, θ の関係を決める方程式が 1 つ得られる. 今, 摩擦力の大きさ f は未知なので, 未知数は x, θ, f である. 未知変数 3 つで方程式 3 つ

なので，解けるはずである．x を求めよ．ただし，初期条件として $t = 0\,\mathrm{s}$ において，$x = 0\,\mathrm{m}$ で初期速度はゼロとする．

問題10.11♠　半径 a，質量 M の円筒が，滑らずに速度の大きさ v_0 で x 軸の正の向きに転がりながら水平面上を運動している．図 10.35 のように高さ h の段差にぶつかって，乗り越える場合を考える．以下の手順に従って，円柱が段差を乗り越えるための条件を考えよう．ただし，いかなる場合も滑ることはなく，また円柱の中心周りの慣性モーメントを I とする．

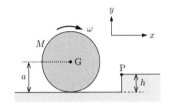

図10.35　半径 a の円柱が段差 h を乗り越える場合を考える．

(1) 段差にぶつかる前に円柱がもっていた運動エネルギーを求めよ．

(2) 段差との衝突の前の点 P 周りの角運動量を求めよ．

(3) 「段差と衝突した瞬間には，点 P 周りの角運動量は変化しない」ことを説明せよ．

(4) 段差との衝突の直後（まだ段差をのぼっていない）の点 P 周りの角速度を ω_1 として，点 P 周りの角運動量を表せ．

(5) 衝突の直前，直後で点 P 周りの角運動量が保存されることを用いて ω_1 を求めよ．

(6) 衝突の直後の運動エネルギーを ω_1 を用いて表せ．

(7) 円筒が段差を乗り越えるためには，この運動エネルギーが Mgh より大きくないといけない．この条件より，円筒が段差を乗り越えるために必要な最小の初速度の大きさを求めよ．ただし，$I = \frac{1}{2}Ma^2$ を使うこと．

(8) 失われるエネルギーはいくらか．同じく，$I = \frac{1}{2}Ma^2$ を使うこと．

問題10.12♠　図 10.36 のように，両端に質量 m_1 と m_2 の質点1と2がとりつけられた軽い長さ l の棒が，なめらかな水平面上に置かれている．x 軸上を速度 $v_0(1,0)$ で運動する質量 M の質点3が，時刻 $t = 0\,\mathrm{s}$ で質点1と弾性衝突した．以下の問に答えよ．

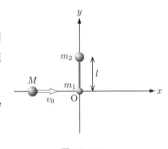

図10.36

(1) 衝突直後の質点1，2，および3の速度の x 成分を，それぞれ v_1, v_2, v として，運動量保存とエネルギー保存の式を書け．

(2) 棒の重心はどこか，また棒の角運動量保存の式を書け．

(3) $v_2 = 0\,\mathrm{m/s}$ となることを示せ．

(4) v_1, v を求めよ（v_1, v を v_0 で表せ）．また，衝突後に $v > 0\,\mathrm{m/s}$ となる条件を求めよ．

(5) 衝突後の棒の重心の速度を v_1 を用いて表せ．

(6) 衝突後の重心周りの棒の回転の角速度を v_1 を用いて表せ．

(7) 衝突後の質点1の運動は，重心周りの回転運動である．質点1の座標を v_1 を用いて表せ．

━━━━━━━━━━━━ 恒星間宇宙船 ━━━━━━━━━━━━

著者は，R. L. フォワード[注28] の SF（サイエンス・フィクション）をよく読んでいる．彼の SF はハード（硬い）SF といわれ，できるだけ科学に基づいて書かれた作品となっている．その彼が，恒星間宇宙船について述べているので検討しよう．

まず，現在の宇宙ロケットは，荷物を打ち上げるだけでなく燃料も打ち上げていることに注意しよう．日本の H2 ロケットでもそうだが，あれだけ巨大なロケットでも，宇宙空間に投入できる荷物（ペイロード）はわずかである．それは，地上を離れた後に使用する燃料を一緒に打ち上げなければならないからである[注29]．地球の周回軌道に打ち上げるだけでこうなのだから，恒星間宇宙船で必要とする燃料を持参することは不可能に近い[注30]．この燃料の問題を解決するためには 2 つの方法がある．1 つは宇宙船の今いる場所で燃料を見つけることであり，もう 1 つは地球から別途燃料を送ることである．宇宙空間は希薄とはいえ，星間ガスが存在するので，それが燃料として利用できればよい．一方，フォワードは地球から「燃料」を送る方法による解決策を提案している．

フォワードの提案は宇宙ヨットの大規模なものである[注31]．彼は，図 10.37 のような巨大な反射鏡をもった宇宙船を考えた．光は電磁波ではあるが，光子として運動量をもっている．したがって，光が鏡で反射すると光は鏡に力積を与えることができる．高校で学んだように，光子のエネルギーを E，光速を c，そして運動量を p とすると，

$$p = E/c$$

の関係がある．以上から，鏡に 1 W の光を垂直に照射してそれが完全に反射されると[注32]，$2 \times \dfrac{1\,\mathrm{W} \times 1\,\mathrm{s}}{3 \times 10^8\,\mathrm{m}} \sim 0.7 \times 10^{-8}$ N 程度の力が作用することになる．

目標の恒星を約 6 光年離れたバーナード星に設定する．人工冬眠などの技術は確立されていないので，人間の寿命内に到達する必要がある．また，非常に長期のミッションになるので，乗組員は自主的に十分な考えのもとで参加することが要請される．よって，乗組員の最低年齢は 20 歳としよう．この乗組員が生存中にバーナード星に到達するためには，バーナード星までの旅程は 40 年程度以下でなければならない[注33]．また，長期の宇宙旅行であるので，乗組員が 1 人では心許ない．そこで，10 人の乗組員を 40 年以内に 6 光年離れたバーナード星に到達させることを目標としよう．

宇宙船の規模をフェルミ推定しよう．まず，有人ミッションであるので，乗組員の食料が必要である．人間の必要とする食料は 1 年間 1 トン（10^3 kg）程度である[注34]．10 人の乗組員の 40 年分の食料を確保しないといけないので，400 トン（4×10^5 kg）の食料が必要ということになる[注35]．また，バーナード星にて様々な探査を行うことが期待される．現在，バーナード星に惑星は発見されていないが，存在した場合には探査を行う必要があり，着陸船を準備しておく必要がある．アポロ計画における月着陸船の総質量は 15 トン（1.5×10^4 kg）であった．惑星探査を行うメンバーの数も多いし，長期となると期待されるので，3 倍程度大きな着陸船を想定する．これを 2 台準備すると 100 トン（10^5 kg）程度になる．その他，居住空間などを考えると，最低でも総質量 1000 トン（10^6 kg）の宇宙船が必要であろう．フォワードは，彼の本の中で 3000 トン（3×10^6 kg）を想定しているので，ここでもそれに従うことにする．

身近に存在する軽い鏡としてサバイバルブランケット[注36] が思いつく．この鏡

注 28 物理学者．自身の書いた SF を学術論文の参考文献として挙げる「愉快」な人である．

注 29 宇宙エレベータといって燃料をもっていく必要がないシステムも検討されている．

注 30 核爆弾の爆発力を利用する宇宙船も検討されたことがあった．この宇宙船を建造する利点は，核軍縮に貢献できることだろう．

注 31 宇宙ヨットの実証実験は，2010 年に打ち上げられた日本の小型ソーラー電力セイル実証機「IKAROS」によって行われている．

注 32 反射されるので，運動量変化はもっていた運動量の 2 倍になる．

注 33 帰ってくることは想定しない．

注 34 2009 年に公開された「南極料理人」という映画の冒頭に，「人間 1 人 1 年間に必要な食料は 1 トンである」と述べるシーンがある．

注 35 2020 年現在研究されているように宇宙船内で食料を生産する（植物を育てる）ことができるようになれば，大幅な軽量化が期待できる．2015 年公開の映画「オデッセイ」（原題 The Martian）では，宇宙探査における食料自給が大きなテーマになっている．

注 36 体から出る赤外線を反射し逃さないことによって，体温維持の役割を果たす．

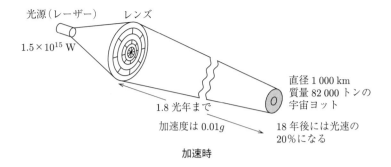

加速時

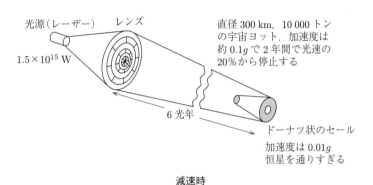

減速時

図 10.37　恒星間宇宙船のアイデア.

のフィルムは 20 g/m^2 程度である. ただし, これでは単位面積あたりの質量が大きすぎて使えそうにない. 幸い, このフィルムの強度は十分あるので厚さを 200 分の 1 にして, フォワードが想定している 0.1 g/m^2 のフィルムが使えることとする[注37]. このフィルムで直径 300 km のセイルを作ろう. このセイルの質量は 7000 トン (7×10^6 kg) となる. この周囲に外径 1000 km (10^6 m) で内径 300 km のドーナツ状のセイルを作る. このドーナツ状のセイルの質量は 72000 トンになる[注38].

　すると, この宇宙船の質量の総計は 82000 トン (8.2×10^7 kg) となり, 1.5×10^{15} W のレーザー光を当てると, 重力加速度の 1 % 程度の加速度を得ることができる. この加速度で 18 年加速を続けると宇宙船は光速の 20 % の速度に達し, 1.8 光年進むことができる. その後, レーザーの照射を止めて 20 年間等速直線運動を行うと, さらに 4 光年進むことができる. これで, バーナード星まで 0.2 光年を残すのみとなる. この 0.2 光年を図 10.37 下のようにセイルを分割して, ドーナツ状のセイルで反射したレーザー光を, 中心の直径 300 km のセイルで受けることによって, 2 年かけて減速する. この際の加速度の大きさは重力加速度の 10 % 程度になる.

　以上述べたことは現在の常識からすると, 非常識な大きさの宇宙船 (宇宙ヨット) を作り, 非常識な出力のレーザーを用いることを前提としている. しかしながら, 以上の提案は物理法則を破っているわけではないので, 実現不可能とはいえない. すなわち, この宇宙船の実現には「技術的な」(ただし, 大変大きな) 問題しか存在しない.

注37　日本の「IKAROS」のセイル部分の面積は, 14 × 14 m^2 で 15 kg (80 g/m^2) である. ただし, 薄型太陽電池や液晶フィルムも装着されている.

注38　著者がフェルミ推定した宇宙船の質量 1000 トンならば, 宇宙ヨットのセイルの面積は 1/3 になり, フィルムの厚さを多少厚くすることは可能である.

11

万有引力による運動

万有引力による運動の研究は，落体や惑星の運動の理解を通じて物理学の発展に大きな役割を果たしてきた．最終章では，その万有引力による運動を様々な観点から考察して，本書を締めくくろう．

11.1 天体の運行と物理学 ♡ ────────────────●

素朴な自然現象の理解の試みの1つとして，古代から中世に至るまで，恒星は地球を中心とする円運動をするという**天動説**が信じられてきた．しかしながら，火星や金星のような複雑な動きをする惑星[注1]が問題であった．16世紀になると地球も太陽を中心とした円運動をしているという**地動説**が唱えられるようになり，ケプラーによってケプラーの法則が提唱された[注2]．

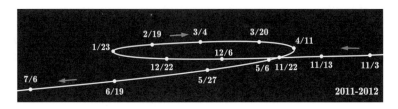

図11.1 火星の運動．

例題 11.1 「地動説が間違っているという根拠？」として，以下の点が指摘されたとしよう．それらが，十分な説得力をもたないことを説明せよ．

(1) 地球が公転（回転運動）しているのならば，自動車がカーブを曲がるときのように外側に投げ出されるような遠心力を感じるはずである．しかしながら，そのような力を感じることはない．

(2) 夏と冬では公転の直径だけ離れた位置にあるはずであり，太陽系外にある星の見え方が夏と冬では異なっているはずである．しかしながら，そのような見え方の違いに気づくことはない．

解 (1)　地球の公転半径は約 1.5×10^{11} m でそれを約 365 日かけて一周するので，遠心力による加速度の大きさはおおよそ

$$1.5 \times 10^{11}\,\text{m} \cdot \left(\frac{2\pi}{365\,\text{day} \cdot 24\,\text{h/day} \cdot 60\,\text{min/h} \cdot 60\,\text{s/min}} \right)^2$$
$$= 6.0 \times 10^{-3}\,\text{m/s}^2$$

となる．重力加速度の大きさ $9.8\,\text{m/s}^2$ に比べて，とても小さく人が感じることは難しい．したがって，感じないからといって，この加速度がないという根拠にはならない．

(2)　最も近い恒星まで 4 光年程度である．高さが 4 光年で底辺の長さが地球の公転直径の 2 等辺三角形の頂角を求めよう．光が 1 秒間に進む距離は約 3.0×10^8 m/s である．したがって，頂角の角度は

$$\frac{2 \cdot 1.5 \times 10^{11}\,\text{m}}{4\,\text{yr} \cdot 365\,\text{day/yr} \cdot 24\,\text{h/day} \cdot 60\,\text{min/h} \cdot 60\,\text{s/min} \cdot 3.0 \times 10^8\,\text{m/s}}$$
$$= 7.9 \times 10^{-6}\,\text{rad}$$

であり，もっとも近い恒星であっても人間が夏と冬の見え方の違いに気づくことは難しい．したがって，わからないからといって，差異がないという根拠にはならない[注3].

> **注3**　半年毎の恒星の見え方の違いは年周視差といい，精密な測定を行えば検出可能である．「地動説が間違っているという根拠？」が，逆に地動説が正しいことの論拠になる．技術の進歩が科学の進歩にとって重要であることの例である．

ニュートンは惑星の公転運動の原因を太陽からの引力であると考えた．惑星が半径 r〔m〕の円軌道を行うと考えると，その惑星（質量 m〔kg〕）には，向心力 F〔N〕がはたらいている．その力の大きさは周期を T〔s〕すれば，$mr \left(\dfrac{2\pi}{T} \right)^2 = F$ である．ケプラーの第3法則によれば，$T^2 = kr^3$（k は比例定数）なので，この式は，$\dfrac{4\pi^2}{k} \dfrac{m}{r^2} = F$ となる．一方，太陽の質量 M〔kg〕がこの力の大きさを決める式に入っていないのは対称性の観点からおかしいので，M〔kg〕にも比例するはずである[注4].さらに，そのような引力が質量をもつすべての物体間にはたらくと考え，**万有引力**と名付け，以下の**万有引力の法則**を発見した．

> **注4**　太陽と惑星ではなく，質量が同等な2つの天体の運動を考えるとわかりやすい．

2つの物体にはたらく万有引力の大きさ F は，各物体の質量 M と m の積に比例し，物体間の距離 r の2乗に反比例する．

$$F = G\frac{Mm}{r^2} \tag{11.1}$$

なお，$G = 6.67 \times 10^{-11}\,\text{N·m}^2/\text{kg}^2$ で，**万有引力定数**と呼ばれる[注5].

> **注5**　キャベンディッシュによって最初に測定された．

例題 **11.2** 以下の物体間の万有引力を求めよ．ただし，物体の大きさは考慮しなくても良い．

(1) 質量 5.5×10^1 kg の物体と質量 4.5×10^1 kg の物体が，5.0×10^{-1} m の距離を隔てて置かれている．

(2) 質量 1.0×10^7 kg の物体と質量 2.0×10^8 kg の物体が，1.0×10^2 m の距離を隔てて置かれている．

解 万有引力の大きさは $G\dfrac{m_1 m_2}{r^2}$ より，

(1) 6.67×10^{-11} N·m^2/kg$^2 \times \dfrac{5.5 \times 10^1 \text{ kg} \cdot 4.5 \times 10^1 \text{ kg}}{(5.0 \times 10^{-1} \text{ m})^2} =$ 6.7×10^{-7} N．近くに座っている人の間の万有引力はこの程度である

(2) 6.67×10^{-11} N·m^2/kg$^2 \times \dfrac{1.0 \times 10^7 \text{ kg} \cdot 2.0 \times 10^8 \text{ kg}}{(1.0 \times 10^2 \text{ m})^2} =$ 1.3×10^1 N．巨大な船の間の万有引力はこの程度となる．

11.2 第1および第2宇宙速度$^\heartsuit$

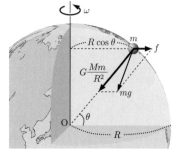

図 **11.2** 重力に対する遠心力の影響．最大で 0.3% 程度である．

地表面にある物体に作用する重力は，地球とその物体の間の万有引力と地球が自転していることによる慣性力（遠心力）の合力である．ただし，遠心力の影響はあまり大きくないので無視することも多い．無視すると，この重力は地球表面（半径 R〔m〕）における質量 M〔kg〕の地球との万有引力であるので，

$$mg = G\frac{Mm}{R^2}$$

となる．したがって，重力加速度 g〔m/s^2〕は

$$g = \frac{GM}{R^2}$$

である．

例題 **11.3** 地球の半径はおおよそ 6.4×10^3 km である．重力加速度はおおよそ 9.8 m/s^2 である．地球の質量を推定せよ．

解 $g = \dfrac{GM}{R^2}$ を変形すると $M = \dfrac{gR^2}{G}$ となる．よって，$M = 6.0 \times 10^{24}$ kg である．

地球表面すれすれの円軌道を描いて回る人工衛星（質量を m〔kg〕とする）

の速度の大きさを**第1宇宙速度**^{注6}という．人工衛星に固定した座標系を考え，遠心力と万有引力がつりあっていると考えると，

$$m\frac{v^2}{R} = G\frac{Mm}{R^2} = mg$$

が得られる．したがって，第1宇宙速度 $v_1 = \sqrt{gR}$ である．

　重力と同様に，万有引力による位置エネルギーを考えることができる．ただし，万有引力の大きさは物体間の距離に依存するので，計算はより複雑である．今，原点に質量 M の物体があり，質量 m の小物体を x 軸に沿って動かす場合を考える．小物体が原点から距離 r〔m〕のところにあるとして，そこから無限遠まで引き離す間に万有引力が行う仕事が万有引力の位置エネルギーになる．その大きさは，図 11.4 のうすい灰色部分の面積に相当する．ただし，万有引力は負の向きであるのに対して，変位は正であり，仕事は負になる．よって

$$U(r) = -G\frac{Mm}{r} \tag{11.2}$$

となる．

　式 (11.2) は以下のようにして導出する．距離 r_i〔m〕の位置から距離 r_{i+1}〔m〕の位置まで動かす際に，万有引力は $G\dfrac{Mm}{r_i^2}$ から $G\dfrac{Mm}{r_{i+1}^2}$ に変化する．$r_i < r < r_{i+1}$ の間の力を $G\dfrac{Mm}{r_i r_{i+1}}$ と近似すると^{注7}，この間に万有引力に逆らって行う仕事 ΔW_i は

$$\Delta W_i \approx G\frac{Mm}{r_i r_{i+1}}(r_{i+1} - r_i) = GMm\left(\frac{1}{r_i} - \frac{1}{r_{i+1}}\right)$$

となる．このような微小な仕事を距離 r から無限遠まで続けると，仕事の合計 W〔J〕は，

$$W = GMm\left(\left(\frac{1}{r} - \frac{1}{r_1}\right) + \left(\frac{1}{r_1} - \frac{1}{r_2}\right) + \cdots + \left(\frac{1}{\infty} - \frac{1}{\infty}\right)\right)$$
$$= G\frac{Mm}{r}$$

となる．W は万有引力とほぼつりあった力の行う仕事である．したがって，万有引力による仕事を得るには W に負号をつける必要がある．よって，式 (11.2) が得られる．

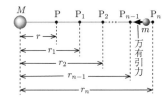

図11.5　万有引力による位置エネルギー の計算法．

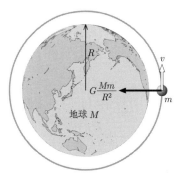

図11.3　第1宇宙速度の場合の衛星軌道．

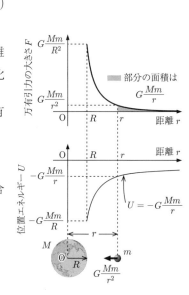

図11.4　万有引力による位置エネルギー．

万有引力は保存力なので，力学的エネルギー保存の法則が成り立つ．すなわち，

$$E = \frac{1}{2}mv^2 - G\frac{Mm}{r} = 一定 \tag{11.3}$$

となる．地球から打ち上げたロケットが無限遠に達するためには，$E \geq 0$ でなければならない．この最小の速度の大きさを**第 2 宇宙速度**といい，式 (11.3) から $v_2 = \sqrt{2\dfrac{GM}{R}} = \sqrt{2gR}$ である．

例題 11.4　地球の半径 $R = 6.4 \times 10^3$ km，重力加速度の大きさを $9.8\,\text{m/s}^2$ とする．

(1)　第 1 宇宙速度 v_1 を求めよ．

(2)　第 2 宇宙速度 v_2 を求めよ．

(3)　質量 1.0 kg の物体が地表にあるとき，無限遠点を基準にして，その物体の地球からの万有引力に対応したポテンシャルエネルギーを求めよ．

解　(1)　$v_1 = \sqrt{gR} = \sqrt{9.8\,\text{m/s}^2 \cdot 6.4 \times 10^6\,\text{m}} = 7.9 \times 10^3\,\text{m/s}.$

(2)　$v_2 = \sqrt{2}v_1 = 1.1 \times 10^4\,\text{m/s}.$

(3)　$-G\dfrac{Mm}{r}$ より，

$$-6.67 \times 10^{-11}\,\text{N·m}^2/\text{kg}^2 \times \frac{6.0 \times 10^{24}\,\text{kg} \cdot 1.0\,\text{kg}}{6.4 \times 10^6\,\text{m}} = -6.3 \times 10^7\,\text{J}$$

となる．

11.3　ベクトルを用いた万有引力の表式

万有引力は力なので，その大きさだけでなく向きも表すことができると便利である．質点 1 と 2 があり，それぞれの位置ベクトルと質量を $\vec{r}_1$，$\vec{r}_2$ と m_1，m_2 とする．質点 1 から 2 へ向かうベクトルは $\vec{r}_2 - \vec{r}_1$ である．したがって，質点 1 が質点 2 におよぼす万有引力 $\vec{F}$ は

$$\vec{F}_{12} = -G\frac{m_1 m_2}{|\vec{r}_2 - \vec{r}_1|^2}\frac{\vec{r}_2 - \vec{r}_1}{|\vec{r}_2 - \vec{r}_1|} \tag{11.4}$$

と表すことができる．

11.4　万有引力による位置エネルギー♠

式 (11.4) を使って万有引力の位置エネルギーを計算しよう．質量 M の質

点 M が原点にあることにして，質量 m の質点 m に作用する万有引力を考えることにすると，

$$\vec{F} = -G\frac{Mm}{|\vec{r}|^2}\frac{\vec{r}}{|\vec{r}|} \tag{11.5}$$

である．位置ベクトル $\vec{r}_0$ の点から質点 m を無限遠に引き離すために必要な仕事は，線積分を用いた仕事の定義より [注8]，

$$W = \int_{\vec{r}_0}^{\infty} G\frac{Mm}{|\vec{r}|^2}\frac{\vec{r}}{|\vec{r}|} \cdot d\vec{r} \tag{11.6}$$

注8 質点 m の位置は x 軸上以外でも良い.

である．$|\vec{r}| = r$ とすると，$\dfrac{dr^2}{dt} = \dfrac{d(\vec{r} \cdot \vec{r})}{dt} = 2\vec{r} \cdot \dfrac{d\vec{r}}{dt}$ なので，

$$\vec{r} \cdot d\vec{r} = \frac{1}{2}dr^2$$

である．この式を使って式 (11.6) を書き直すと [注9]

注9 $X = r^2$ とおく.

$$W = \int_{r_0}^{\infty} G\frac{Mm}{r^3}\frac{dr^2}{2} = \int_{r_0{}^2}^{\infty} G\frac{Mm}{X^{3/2}}\frac{dX}{2} = -GMm[X^{-1/2}]_{r_0{}^2}^{\infty}$$

$$= G\frac{Mm}{r_0} \tag{11.7}$$

となる．万有引力による位置エネルギーは，これに負号をつけたものであるので，式 (11.2) が得られる．

11.5 万有引力のもとでの運動♠ ────────●

　万有引力のもとでの運動を考察するために，新しい座標系を考えよう．この座標系は [注10]，万有引力のような中心力を取り扱うために便利な座標系である．

注10 極座標系という.

　ここでは簡単のために，xy 平面上の運動を考え z 成分は常にゼロなので書かないことにする．位置ベクトル (x, y) は，図 11.6 のように r, θ を導入すると

$$x = r\cos\theta, \qquad y = r\sin\theta$$

と表すことができる．ここで，任意のベクトル $\vec{A}$ について r, θ 方向の成分と x, y 成分の関係を考えると，

$$A_r = A_x \cos\theta + A_y \sin\theta, \qquad A_\theta = -A_x \sin\theta + A_y \cos\theta$$

であることがわかる．

　また，速度ベクトル (v_x, v_y) は，

$$v_x = \frac{d(r\cos\theta)}{dt} = \frac{dr}{dt}\cos\theta - r\sin\theta\frac{d\theta}{dt},$$

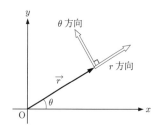

図 11.6 極座標.

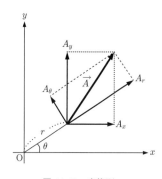

図 11.7 変換則.

$$v_y = \frac{d(r\sin\theta)}{dt} = \frac{dr}{dt}\sin\theta + r\cos\theta\frac{d\theta}{dt}$$

であるので，r, θ 方向の成分を求めると，

$$v_r = v_x\cos\theta + v_y\sin\theta = \frac{dr}{dt},$$

$$v_\theta = -v_x\sin\theta + v_y\cos\theta = r\frac{d\theta}{dt}$$

となる．同様に加速度についても考察すると

$$a_x = \frac{d^2r}{dt^2}\cos\theta - 2\frac{dr}{dt}\frac{d\theta}{dt}\sin\theta - r\cos\theta\left(\frac{d\theta}{dt}\right)^2 - r\sin\theta\frac{d^2\theta}{dt^2},$$

$$a_y = \frac{d^2r}{dt^2}\sin\theta + 2\frac{dr}{dt}\frac{d\theta}{dt}\cos\theta - r\sin\theta\left(\frac{d\theta}{dt}\right)^2 + r\cos\theta\frac{d^2\theta}{dt^2}$$

であるので，r, θ 方向の成分を求めると，

$$a_r = a_x\cos\theta + a_y\sin\theta = \frac{d^2r}{dt^2} - r\left(\frac{d\theta}{dt}\right)^2,$$

$$a_\theta = -a_x\sin\theta + a_y\cos\theta = \frac{1}{r}\frac{d\left(r^2\frac{d\theta}{dt}\right)}{dt}$$

となる．

　万有引力のような中心力では，その定義より θ 方向の成分は $0\,\mathrm{N}$ で，r 方向のみ $0\,\mathrm{N}$ でない値をもつ．したがって，r, θ 方向の運動方程式を考えると，

$$m\left(\frac{d^2r}{dt^2} - r\left(\frac{d\theta}{dt}\right)^2\right) = -G\frac{Mm}{r^2}\ (r\text{ 方向}),$$

$$m\left(\frac{1}{r}\frac{d\left(r^2\frac{d\theta}{dt}\right)}{dt}\right) = 0\,\mathrm{N}\ (\theta\text{方向})$$

となる．θ 方向の式は，$\dfrac{1}{2}r^2\dfrac{d\theta}{dt}$ が面積速度なので，面積速度が一定というケプラーの第 2 法則に他ならない．

$r^2\dfrac{d\theta}{dt} = h$ とすると $\dfrac{d\theta}{dt} = \dfrac{h}{r^2}$ より，r 方向の運動方程式は

$$m\left(\frac{d^2r}{dt^2} - \frac{h^2}{r^3}\right) + G\frac{Mm}{r^2} = 0\,\mathrm{N}$$

となる．両辺に $\dfrac{dr}{dt}$ を掛けて，整理すると

$$\frac{d}{dt}\left(\frac{1}{2}m\left(\left(\frac{dr}{dt}\right)^2 + \frac{h^2}{r^2}\right) - G\frac{Mm}{r}\right) = 0\,\mathrm{W}$$

となる．すなわち，$\dfrac{1}{2}m\left(\left(\dfrac{dr}{dt}\right)^2 + \dfrac{h^2}{r^2}\right) - G\dfrac{Mm}{r}$ が一定であることを意味している．ここで，$\dfrac{1}{2}m\left(\dfrac{dr}{dt}\right)^2$ は r 方向の運動エネルギー，$\dfrac{1}{2}m\dfrac{h^2}{r^2}$ は θ 方向の運動エネルギー，$-G\dfrac{Mm}{r}$ は位置エネルギーであり，これらの

和は力学的エネルギーになっている．すなわち，万有引力という保存力のも
とでの力学的エネルギー保存の法則を表している．

この一定値を E とおくことにする．このままでは，解くのは大変なので，
$z = \dfrac{1}{r}$ を導入して変形すると，

$$\frac{1}{2}mh^2\left(\left(\frac{dz}{d\theta}\right)^2 + z^2\right) - GMmz = E$$

となる．ここで，$\dfrac{dr}{dt} = \dfrac{dr}{dz}\dfrac{dz}{d\theta}\dfrac{d\theta}{dt} = -r^2\dfrac{d\theta}{dt}\dfrac{dz}{d\theta} = -h\dfrac{dz}{d\theta}$ を用いた．書
きかえると，

$$l\frac{dz}{d\theta} = \pm\sqrt{e^2 - (zl-1)^2} \Leftrightarrow \pm\frac{l}{\sqrt{e^2 - (zl-1)^2}}\frac{dz}{d\theta} = 1$$

となる．ここで，$l = \dfrac{h^2}{GM}, e = \sqrt{1 + \dfrac{2Eh^2}{G^2M^2m}}$ である．
両辺を θ で積分を行うと

$$\pm\int\frac{l}{\sqrt{e^2 - (lz-1)^2}}\frac{dz}{d\theta}\,d\theta = \int d\theta$$

となる．負号を選ぶと[注11]，

$$\cos^{-1}\frac{lz-1}{e} = \theta + C$$

すなわち，

$$r = \frac{l}{1 + e\cos\theta} \tag{11.8}$$

が得られる．$0 \le e < 1$ のとき，この式は楕円（特に $e = 0$ の場合は円）に
なり，万有引力のもとでは楕円軌道になることが示された．$1 \le e$ は $E \ge 0$
であることと等価で，質点は無限遠に到達することができる．$e = 1$ の場合
に，この式は放物線になる．一方 $e > 1$ の場合に，この式は双曲線になる．

長半径 a の 2 倍は $\theta = 0, \pi$ に対応した r の和であるので，

$$2a = r_{\min} + r_{\max} = \frac{l}{1-e} + \frac{l}{1+e} = \frac{2l}{1-e^2}$$

となる．離心率 e から短半径 b は[注12]

$$b^2 = a^2(1-e^2) = \frac{l^2}{1-e^2}$$

となる．この楕円の面積は

$$ab\pi = \frac{l}{1-e^2}\frac{l}{\sqrt{1-e^2}}\pi$$

である．今，面積速度は $h/2$ であるので，周期 T は

$$T = \frac{\frac{l^2\pi}{(1-e^2)^{3/2}}}{h/2}$$

注11
$$-\int^x \frac{dx'}{\sqrt{1-x'^2}}$$
$(x' = \cos\xi$ とおく$)$
$$= \int^{\cos^{-1}x} \frac{\sin\xi}{\sqrt{1-\cos^2\xi}}\,d\xi$$
$$= \int^{\cos^{-1}x} d\xi = \cos^{-1}x$$

注12　$e^2 = \dfrac{a^2 - b^2}{a^2}$

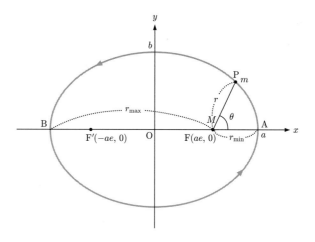

図 11.8 楕円軌道.

である. したがって,

$$\frac{a^3}{T^2} = \frac{\left(\frac{l}{1-e^2}\right)^3}{\left(\frac{\frac{l^2\pi}{(1-e^2)^{3/2}}}{h/2}\right)^2} = \frac{h^2}{4\pi^2 l} = \frac{GM}{4\pi^2}$$

となり, ケプラーの第 2 法則が証明できる. $\dfrac{a^3}{T^2}$ は万有引力定数と太陽の質量[注13] のみから定まる定数になっている.

注 13 円周率 π という普遍的な定数も含む.

章末問題

問題 11.1♡　北極点での重力加速度の大きさを g, 地球の半径を R とする. 以下の問に答えよ.

(1)　地球の自転が速くなって, 赤道上にある物体にはたらく遠心力と万有引力がつりあうようになったとしよう. そのときの自転周期 T を求めよ.

(2)　$g = 9.8 \, \mathrm{m/s^2}$, $R = 6.4 \times 10^6 \, \mathrm{m}$ のとき, T を求めよ.

(3)　赤道上で万有引力と遠心力がつりあうときを考える. 北緯 $60°$ の地表面で, 万有引力と遠心力の合力は地表面の法線に対して何度傾いているか求めよ.

問題 11.2♡　地球の中心 O を通る細い直線のトンネルができたとしよう. 地球の半径を R, 地表面における重力加速度の大きさを g とする (図 11.9).

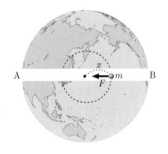

図 11.9　地球を貫通したトンネル中の「落下」運動.

(1)　地球の密度は均一で ρ と仮定して, 中心 O から半径 x の球面内にある質量を求めよ.

(2)　中心 O から距離 x だけ離れた質量 m の質点にはたらく万有引力の大きさを求めよ. ただし, 半径 x の球面の外にある物質からの引力は相殺してゼロになり, 半径 x の球面の内側にある物質からの引力は, すべての質量が中心 O に集中した場合と同じになることがわかっている.

(3)　地表の 1 点から初速度 $0 \, \mathrm{m/s}$ で出発し, 反対側の地表面に到達するまでの時間を g, R を用いて表せ.

(4)　$g = 9.8 \, \mathrm{m/s^2}$, $R = 6.4 \times 10^6 \, \mathrm{m}$ として, 前問の時間を概算せよ.

問題 11.3♡　地球の質量を $6.0 \times 10^{24} \, \mathrm{kg}$, 半径を $6.4 \times 10^6 \, \mathrm{m}$, 万有引力定数を $6.67 \times 10^{-11} \, \mathrm{N \cdot m^2/kg^2}$ として, 以下の問に答えよ.

(1)　地表にある質量 $1.0 \, \mathrm{kg}$ の物体の無限遠点を基準にした地球の重力による位置エネルギーを求めよ.

(2)　地球の中心から $4.2 \times 10^7 \, \mathrm{m}$ 離れた点に置いた質量 $1 \, \mathrm{kg}$ の質点の位置エネルギーを求めよ.

問題 11.4♡　質量 m の惑星が, 半径 r, 角速度 ω で等速円運動をしている. 以下の空欄を埋めよ.

この惑星が太陽から受けている向心力の大きさは $F = \boxed{\quad 1 \quad}$ である. この円運動の周期は $T = \boxed{\quad 2 \quad}$ であり, ケプラーの第 3 法則より T と r の間には, k をある定数として, $\boxed{\quad 3 \quad}/T^2 = k$ の関係が成り立つ. したがって,

m, k, r を用いると, $F = \boxed{4}$ となる. 一方, $\boxed{5}$ の法則より, 太陽は惑星に引かれるので, その力は太陽の質量 M にも比例しているはずである. したがって, F は $\boxed{6}$ に比例しているはずである. この比例定数を万有引力定数と呼び, G と書く. ニュートンはこのような力があらゆる物体の間にはたらくと考え, 万有引力と呼んだ.

注 14 小惑星探査機「はやぶさ」は 2005 年に小惑星イトカワに着いた.

問題 11.5$^\heartsuit$ 小惑星イトカワの質量はおよそ 3.5×10^{10} kg である[注 14]. 形状はいびつであるが, ここでは球と近似しよう. その半径はおよそ 1.5×10^2 m となる. 万有引力定数 $G = 6.67 \times 10^{-11}$ N·m²/kg² として以下の問に答えよ.

(1) イトカワ表面での「重力加速度」g' を求めよ.

(2) イトカワでの第 1 宇宙速度を求めよ.

(3) イトカワでの第 2 宇宙速度を求めよ.

(4) イトカワ上でジャンプする. 地球上でどれだけの高さまでジャンプできる人ならば, 足の力だけでイトカワでの第 2 宇宙速度に到達し, イトカワの引力圏から脱出できるだろうか[注 15].

注 15 どれだけの運動エネルギーがあれば, イトカワの引力圏から脱出できるかを考えれば良い.

注 16 小惑星探査機「はやぶさ 2」は 2018 年にリュウグウに到達した.

(5) 小惑星探査機「はやぶさ 2」から切り離されて小惑星リュウグウに着陸した探査機には車輪がついていない[注 16]. 移動手段として車輪を使わない理由について議論すること. また, どのような方法で移動すればよいか考えること.

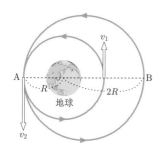

図 11.10 人工衛星の軌道.

問題 11.6$^\heartsuit$ 図 11.10 のように, 質量 m の人工衛星が質量 M の地球を中心とする半径 R の円軌道を速さ v_1 で等速円運動していた. 点 A で速さを v_2 にすると, 点 B に到達するようになった. 万有引力定数を G とする.

(1) v_1 を求めよ.

(2) 点 B における速さ v を v_2 を用いて表せ.

(3) 楕円軌道における力学的エネルギー保存の法則より v_2 を求めよ.

(4) $\dfrac{v_2}{v_1}$ を求めよ.

問題 11.7$^\heartsuit$ 赤道上空に静止しているように見える衛星のことを静止衛星という. 以下の問に有効桁 2 桁で答えよ. ただし, 地球の質量を 6.0×10^{24} kg, 半径を 6.4×10^6 m, 万有引力定数を 6.67×10^{-11} N·m²/kg² とし, $76^{1/3}$ を 4.2 と近似する.

(1) 静止衛星の公転周期を求めよ.

(2) 静止衛星の公転の角速度を求めよ.

(3) 静止衛星の軌道半径を求めよ.

問題 11.8[♡]　図 11.11 のように，惑星が太陽を焦点の 1 つとする楕円軌道を運動している．

(1)　面積速度は $\dfrac{1}{2}rv\sin\theta$ となることを示せ．

(2)　近日点を Q，遠日点を T とする．$\mathrm{QS}=r_\mathrm{Q},\mathrm{TS}=r_\mathrm{T}$，近日点と遠日点での速度の大きさをそれぞれ，$v_\mathrm{Q},v_\mathrm{T}$ とする．$r_\mathrm{Q},r_\mathrm{T},v_\mathrm{Q},v_\mathrm{T}$ の間に成り立つ関係を答えよ．

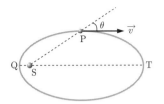

図 11.11　面積速度の計算．

問題 11.9　$e=0.5,1,2$ の 3 通りの場合について，$r=\dfrac{1}{1+e\cos\theta}$ で表される曲線を xy 平面上で作図せよ．

問題 11.10[♠]　質量 M の太陽と質量 m の小天体の運動について考える．小天体の位置ベクトルを $\vec{r}$，小天体が太陽から受ける万有引力を $\vec{F}(\vec{r})$，万有引力定数を G として，以下の問に答えよ．ただし，$M\gg m$ であり，太陽は静止していると近似し，小天体は質点と近似する．

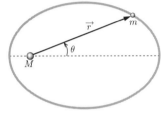

図 11.12　太陽の周りの小天体の運動．

(1)　太陽が小天体に及ぼす力が中心力であることに着目して，小天体の軌道は太陽を含む 2 次元面にあることを示せ．

(2)　$h=r^2\dfrac{d\theta}{dt}$ は時間によらず，一定であることを示せ．

(3)　小天体の力学的エネルギー E を $r,\dfrac{dr}{dt},h$ を用いて表せ．ただし，万有引力の位置エネルギーは無限遠点を基準にする．

(4)　E の最小値 E_0 を h を用いて表せ．

(5)　$E_0<E<0$ のとき，r の最大値 r_1 と最小値 r_2 を h,E によって表せ．

(6)　$E<0$ のとき，小天体の運動エネルギー $K(\vec{r})$ の長時間平均がある係数 A を用いて，

$$\langle K(\vec{r})\rangle = A\langle \vec{r}\cdot\vec{F}(\vec{r})\rangle$$

となることを示し，A の値を求めよ．ただし，

$$\langle B\rangle = \lim_{T\to\infty}\frac{1}{T}\int_0^T B(t)\,dt$$

である．

(7)　$E<0$ のとき，ある係数 C を用いて，

$$E=C\langle K(\vec{r})\rangle$$

と表されることを示し，C の値を求めよ．

(8)　$E>0$ のとき，質点はどのような運動を行うか？　定性的に説明せよ．また，E を $\langle K(\vec{r})\rangle$ によって表せ．

◆──────────── 宇宙人はいる？ ────────────◆

注 17　E. T. =
The Extra-Terrestrial

1961 年にアメリカの天文学者 F.ドレイク [1,2] によって，「宇宙にどれぐらいの地球外文明[注 17] が存在するか」を推定する式が提案された．ドレイクの方程式と呼ばれ，様々なファクターの積によって表現される．前もって注意しておくが，これらのファクターの妥当性については疑問もあるので，必ずしもこの方程式の推定は信頼できるものではない．しかしながら，難しい問題の分析方法の例として考えることができる[注 18]．また，反語的に地球上の生命や文明について思いをはせるためには興味深いので紹介する[注 19]．

注 18　デカルトによれば，「困難は分割せよ」となる．

注 19　勝手な空想は楽しいものである．

我々の銀河系に存在し人類とコンタクトする可能性のある地球外文明の数 N は，以下のドレイクの方程式で与えられるとする．

$$N = R_* \times f_p \times n_e \times f_l \times f_i \times f_c \times L$$

表 11.1　ドレイクの方程式における各ファクター．右端の数値はドレイク自身が割り当てた数値である．

R_*	人類がいる銀河系の中で 1 年間に誕生する恒星の数	10
f_p	1 つの恒星が惑星系をもつ確率	0.5
n_e	1 つの恒星系で生命の存在が可能な惑星の平均数	2
f_l	生命の存在が可能な惑星上に生命が発生する確率	1
f_i	発生した生命が知的なレベルまで進化する確率	0.01
f_c	知的なレベルになった生命体が星間通信を行う確率	0.01
L	技術文明が星間通信を行う状態にある期間（年数）	10000

まずは，次元が間違っていないか確認しておこう．以上のパラメータで R_* と L 以外はすべて確率で無次元である．R_* と L の次元はそれぞれ T^{-1} と T であり，積は無次元になる．したがって，左辺の N の次元（無次元）と右辺の次元は矛盾しない．

1961 年に行ったドレイク本人の計算によると

$$N = 10 \times 0.5 \times 2 \times 1 \times 0.01 \times 0.01 \times 10,000 = 10$$

であった．以下に，著者の独断と偏見によって，各パラメータを検討する．

R_* は観測に基づいた議論ができるので，他のパラメータに比べて信頼性が高い．恒星系のでき方の理論の進展や惑星の発見によって，2020 年現在，多くの恒星系において惑星をもつことが期待されている．したがって，ドレイクの推定値 $f_p = 0.5$ はそんなに悪くないと著者には思われる．ドレイクが提案した当時，n_e はいわゆるハビタブルゾーン[注 20] に存在する惑星の数が想定されていただろう．しかしながら，最近では木星の衛星のエウロパや土星の衛星のエンケラドスで生命の存在の可能性[注 21] が議論されているように，思わぬところにハビタブルゾーンが存在するかもしれない．したがって，$n_e = 2$ は悪くないと著者には思われる．地球上では，その歴史のかなり早い時期に生命が誕生していたことにより，生命は普遍的なものだろうと著者にも思われる．すなわち，f_l は 1 に近いのではないか？　ただし，これは生命がどのように誕生するかに依存する．例えば，生命のもととなった有機物が宇宙空間で生成されたという説もある．宇宙空間の環境は惑星上の環境よりも等質であると考えられるので，その場合も $f_l = 1$ が期待される．

注 20　恒星からの距離が適切で，液体の水が存在できる公転軌道の領域である．当然のことながら，太陽系の場合には地球の軌道を含む領域である．

注 21　これらの衛星では，潮汐力による熱の発生のために液体の水の存在が期待されている．

　f_i, f_c そして L に対してどのような数値を与えるかは，趣味の問題のように著者には思われる．いいかえると，他者を説得する根拠をもった議論を行うことは難しいのではないか？　地球上に人間が存在する以上，そして人間が特別な存在ではないと考えるならば，$f_i \times f_c$ はそんなに小さくないかもしれない．一方，人類は特別な存在であるという可能性もある．残念ながら，論理を進めるデータが少なすぎる．宇宙人を発見できればデータの少なさの問題は解消するが，ドレイクの方程式を議論する意味はなくなる．

　もっとも興味をもって考察しなければならないのは，L であろう．文明に対する楽観主義と悲観主義で全く異なった結果を予想することになる．楽観主義に従うと，文明の進歩に伴い世界は豊かになり，したがって争いは減って文明は長命になる．一方，悲観主義に従うと，文明の進歩に伴い武器が高度化し，ちょっとしたきっかけによって人類を絶滅させる世界戦争に突入するので，文明は短命になる[注22]．地球では，現在のところ $L \sim 100$ 年までは確認できた．しかしながら，ドレイクの推定した 10000 年はその 100 倍である．人類はそれまで生き延びることができるだろうか？　もしかしたら，人類に代わって AI が文明を担う世界が来るのだろうか？

注22　世界終末時計では，常に絶滅まで数分になっている．

参照文献

[1]　Drake, F.D.,*Discussion of Space Science Board, National Academy of Scientific Conference on Extraterrestorial Intelligent Life*, November 1961, Green Bank, West Virginia.

[2]　文献 [1] の原典を得ることができなかったので，
https://www.youtube.com/watch?v=CZ0NnPJP1CU
を挙げておく．このビデオの最初から 24 分ぐらいにドレイクの方程式が説明されている．

最後に

　本書はわかりやすかったでしょうか？　著者は，この「わかりやすい」ということに関して，以下のファインマンのエピソードが忘れられません．

　　ファインマン注23 の同僚は，彼の最先端の研究を高校生にわかりやすく説明できるかと問うたことがあった．ファインマンは，一晩考え抜いた末にできないと答えた．

そのできない理由とは，

　　僕は自分の研究のことがまだよくわかっていないのだろう．

というものだったそうです．難しいことを術語を多数用いて説明することは容易です．しかしながら，そのような説明は，専門家にしかわからないものになってしまい，非専門家にはわかりにくい説明になってしまいます．専門家ならば説明の足りない部分を自ら補うことが可能でしょうが，非専門家にそのような補足を期待することはできません．説明する者の力量（すなわち，説明する者が説明する内容をちゃんとわかっているか）が大いに問われることになります．ファインマンはその難しさを指摘したのでした．

　世の中にはわかりにくい本，わかりにくいマニュアルが氾濫しています．説明文を書く人は十分な力量をもった人でなければならないことを，DVDプレーヤーのマニュアルを見るたびに著者は実感します．説明文を書く人は，論理的な思考法を身につけてわかりやすい文章を書く努力をする必要があるでしょう．

　さて，本書に戻って，著者の力量はいかがでしょう？　説明しなければいけない内容を著者は十分理解しているでしょうか？　実は，この原稿を書く前に，まさに「わかりにくい原稿」を書いてしまい，編集者に「ダメ出しを食らって」います．今，本書を手にしている人がいるということは，だいぶ「わかりやすくなった」ことを意味するはずなのですが，十分「わかりやすい」でしょうか？

　ただし，「わかりやすい」と「簡単」は別の概念であると著者は考えています．簡単な本とは，極論すると

　　努力せずに「わかったような気になる」ことができる本

であるのに対して，わかりやすい本とは，

　　理解する上で必要な情報が過不足なく与えられている本

注 23　経路積分法の考案者．また，ファインマン物理学という教科書でも有名．

だと考えています．本書が目指すのは「簡単な本」ではなく，「わかりやすい本」です．ですので，本書は大学の講義で使うことを念頭において書かれたものではありますが，意欲のある高校生にも読んでもらいたいと思っています．

　最後に，本書執筆にあたって近畿大学の同僚である増井孝彦先生と新居毅人先生に助言をいただきました．その他，松崎昌之先生，佐藤加奈子先生，船田智史先生，小寺克茂先生，そして久木田真吾さんからもコメントをいただきました．また，学術図書出版社の発田孝夫さん，貝沼稔夫さん，そして杉村美佳さんにご苦労をおかけしました．感謝いたします．

索　引

著者

近藤　康（こんどう　やすし）

京都大学理学部で博士取得後，フィンランドのヘルシンキ工科大学（現アールト大学），ドイツのバイロイト大学，日本の JRCAT（Joint Research Center for Atom Technology）などで 10 年ほど「博士漂流」．最終的には，近畿大学に職を得た．現在は同大学教授．研究分野も経歴同様，超低温のヘリウム 3 の物性，超流動ヘリウム 3，超低温での磁性，超流動物質探索，走査型トンネル顕微鏡，量子コンピュータを含む量子制御，「家庭用？」NMR 量子コンピュータの開発などと「漂流」している．

表紙画像，カバー画像
　from Wikimedia Commons
　file: Orders of magnitude (no annotations, horizontal layout).png
　by Pablo Carlos Budassi, licensed under CC BY-SA 4.0

物理学概論 ― 高校物理から大学物理への橋渡し―
[力学編]

| 2020 年 10 月 30 日 | 第 1 版　第 1 刷　発行 |
| 2023 年 2 月 20 日 | 第 1 版　第 2 刷　発行 |

著　者　　　近藤　康
発行者　　　発田和子
発行所　　　株式会社　学術図書出版社

〒113-0033　　　東京都文京区本郷 5 丁目 4 の 6
TEL 03-3811-0889　　　振替　00110-4-28454
印刷　三和印刷（株）